차의
귀향

서울탈출 산절로야생다원 일구기記

# 차의 귀향

삼성언론재단 총서

**초판 1쇄 인쇄** 2014년 4월 10일 \ **초판 1쇄 발행** 2014년 4월 15일
**지은이** 최성민 \ **펴낸이** 이영선 \ **편집 이사** 강영선 \ **주간** 김선정 \ **편집장** 김문정
**편집** 허승 임경훈 김종훈 김경란 정지원 \ **디자인** 오성희 당승근 안희정
**마케팅** 김일신 이호석 이주리 \ **관리** 박정래 손미경

**펴낸곳** 서해문집 \ **출판등록** 1989년 3월 16일(제406-2005-000047호)
**주소** 경기도 파주시 광인사길 217(파주출판도시) \ **전화** (031)955-7470 \ **팩스** (031)955-7469
**홈페이지** www.booksea.co.kr \ **이메일** shmj21@hanmail.net

© 최성민, 2014
ISBN 978-89-7483-654-2 03980
값 17,000원

이 도서의 국립중앙도서관 출판시도서목록(CIP)은 e-CIP 홈페이지(http://www.nl.go.kr/ecip)에서
이용하실 수 있습니다.(CIP제어번호: CIP2014009600)

삼성언론재단 총서는 삼성언론재단 '언론인 저술지원 사업'의 하나로 출간되는 책 시리즈입니다.

# 차茶의

서 울 탈 출
산절로야생다원
일 구 기 記

이 이야기는 50대 초반의 도회지 먹물이었던 내가 전
인미답의 산에서 10년 동안 야생다원을 일구어내는 과
정에서 겪은 것들이다. 순수한 자연과의 만남이 주는
즐거움과 성취감과 가르침은 더없이 값진 것이었지만.

그 길목에서 마주쳤던 인간들이 드러낸 사리사욕을 향
한 거짓과 위선과 남을 해함은 자연의 선함과는 반대
쪽으로 너무나 멀리 떨어져 있었다. 나는 왜 사람들의
호미걸이를 당하며 한사코 자연을 만나러 갔는가?

# 귀

최성민 지음

# 향歸鄉

미세 먼지와 소음과 문명이 주는 짜증을 벗어나 자연
의 품에 안기고자 함은 만인의 꿈이겠지만, 구제금융
사태가 빚은 양극화는 다른 분야에서와 마찬가지로 사
람들의 자연 지향을 둘로 갈랐다. 하나는 주체하지 못

할 돈의 일부로 자연을 즐기고자 하는 것이고, 하나는
돈이 없어 생명을 부지할 수 없는 도시를 탈출하여 자
연으로 가게 하는 것이다. 갑자기 몸을 쓰는 농사일을
할 자신이 없어 몸과 마음이 흔쾌히 동의하고 ….

서해문집

# 남녘 산으로 간
# 까닭은…

이 이야기는 50대 초반의 도회지 먹물이었던 내가 전인미답의 산에서 10년 동안 야생다원을 일구어내는 과정에서 겪은 것들이다. 순수한 자연과의 만남이 주는 즐거움과 성취감과 가르침은 더없이 값진 것이었지만, 그 길목에서 마주쳤던 인간들이 드러낸 사리사욕을 향한 거짓과 위선과 남을 해함은 자연의 선함과는 반대쪽으로 너무나 멀리 떨어져 있었다.

나는 왜 사람들의 호미걸이를 당하며 한사코 자연을 만나러 갔는가? 미세 먼지와 소음과 문명이 주는 짜증을 벗어나 자연의 품에 안기고자 함은 만인의 꿈이겠지만, 구제금융 사태가 빚은 양극화는 다른 분야에서와 마찬가지로 사람들의 자연 지향을 둘로 갈랐다. 하나는 주체하지 못할 돈의 일부로 자연을 즐기고자 하는 것이고, 하나는 돈이 없어 생명을 부지할 수 없는 도시를 탈출하여 자연으로 가게 하는 것이다. 나는 뒤쪽에 속했다. 월급 적은 〈한겨레신문〉에서 오래 마모당하느라 벌어놓은 게 없었다. 그렇다고 갑자기 몸을 쓰는 농사일을 할 자신이 없어 몸과 마음이 흔쾌히 동의하고 약간이라도 벌이가 되면서 수양과 품격 유지를 겸할 수 있는 일을 찾은 게 산속에 '100퍼센트 순수 야생다원' 일구기였다.

그러나 산에서 데려와 길들였던 것을 다시 산으로 되돌아가게 하는 것, '인공 재배'를 '순수 야생'으로 되돌리고자 하는 시도는 시계를 거꾸로 돌리는 일이어서 문명에 대한 반항이자 기득권의 포기이기에 걱정스런 시선들이 쏟아졌다. 다만 웰빙에서 힐링으로 바뀌는 추세가 한줄기 빛이 되어 내리쬐었다. 바야흐로 육질적 행복 추구에 동반된 마음의 병을 치유할 곳을 찾고자 하는 것이었다. 웰빙에 이르기까지 병이 축적된 원인은 지나친 인위 탓이고 그 병의 원인 치료제는 단연 무위의 자연이어야 한다! 그래서 사람들은 산속의 명상처를 찾고 인문학 강의를 듣는 것이다. 나는 일찍이 오랫동안 〈한겨레신문〉에서 '자연주의 여행'을 취재하면서 무위자연의 진수를 사람의 몸과 마음에 전이시켜주는 최고의 자연물이 차茶임을 깊이 인식해오던 터였다. 차에 도道라는 말이 붙는 것茶道이 이를 입증한다.

전남 곡성에서 산절로야생다원 일구기를 통해 진정한 다도의 길을 가 보기로 했다. 다원이 이루어진 뒤에는 자연의 가르침을 정돈하고 다도茶道를 더 깊이 파악하기 위해 성균관대 유학대학원에서 선인들이 말한 도道의 모습을 진득하게 만나보고자 했다. 이런 일은 내가 처음 생각하거나 시작한 것이 아니라 조선 후기 차 3걸茶三傑인 다산, 초의, 추사가 하셨던 일이다. 초의는 《동다송》에서 '종다種茶, 차 재배-채다採茶, 찻잎 따기-제다製茶, 차 만들기-팽다烹茶, 차 우리기-끽다喫茶, 차 마시기의 과정에서 정성을 다하는 게 다도'라고 역설하고 그것을 실천했다. 다도란 폼 나게 옷 입고 뻐기듯 차를 마시는 행위가 아니라, 한 톨의 차 씨앗을 심는 일에서부터 한 모금의 차가 목구멍을 넘어가게 되기까지의 모든 과정에서 온 정성을 다하는 것이란다. 왜 그럴까? 차가 지닌 자연의 이법理法을 종다에서 끽다까지의 과정에서 최대한 자연 그대로의 모습으로 살려내 우리 몸과 마음의 병을 원인 치유해주는 선약仙藥으로 전이시키기 위해서다.

산절로야생다원이 다 이루어진 오늘날 내가 바라는, 또는 힐링의 명약자연의 이법 또는 미덕은 산절로야생다원의 모습과 '100퍼센트 순수 야생차 산절로'의 차향에 담겨 있다고 자부한다. '산절로야생다원 일구기'와 '차의 귀향, 산절로야생다원'에 그런 얘기를 담았다. 반면 '곡절과 좌절'엔 산절로야생다원에 가까이 있으면서 산절로야생다원이나 차의 모습과 너무나 동떨어지고 사악한 인간들의 모습이 나온다.

이 책은 원래 산절로야생다원 일구기뿐만 아니라 그 과정과 현장에서 체득하게 된 자연의 기막힌 '스스로 그러함'과 다도에 관해 많은 얘기를 싣고자 했다. 그러나 지면이 넘쳐 도道, 끽다거喫茶去, 다도茶道, 한국 차의 여러 문제와 대안 등에 관한 이야기는 곧이어 또 하나의 다른 책에 담기로 하였다. 다만 이 책이나 그 책에 나올 이야기는 내가 독자적으로 현장에서 겪은 경험이 주를 이루는 것이어서 주관적인 언급도 적지 않을 것이다. 즉 모두가 절대적인 진실이거나 진리라고 주장할 수만은 없으니 관심 있는 독자들은 여기에 비판을 더해 한국 차 문화와 다도, 완제된 차가 진실된 모습을 갖추도록 토론에 불붙여주길 바란다.

2014년 4월
최 성 민

차
례

# 서울
# 탈출

# 서울 탈출,
# 산으로 가는 남행 열차

해마다 낙엽이 거의 지는 늦가을 무렵은 우수憂愁의 절정기다. 가을은 거두어들이는 계절이라는데, 별로 거둘 것이 없는 사람들은 허전한 마음과 앞날에 대한 걱정 때문에 우수가 더해진다. 내가 글을 쓰고 있는 지금2010년 가을, 잠깐 근무하게 된 KBS 방송문화연구소 사무실 앞 터키공원 은행잎들도 누렇게 떨어지며 '또 한 해가 줄어간다'는 경고를 보내고 있다.

정년을 1년여 앞둔 요즘 식사 자리에서 가장 많이 듣는 얘기는 '정년 후를 이렇게 보낼 것이냐'다. 대부분의 베이비부머는 어떤 일을 계속하여 용돈이라도 벌어볼 수 있을지를 걱정한다. '99 대 1'이 말해주는, 빈부 격차로 괴물이 된 요즘 한국 사회의 모습에서 99에 해당하는 국민 가운데 정년퇴직을 했거나 정년을 앞둔 사람들 대부분이 그럴 것이다.

같은 방에 있는 어떤 사람은 '널널한 직군'에 속에 재임 기간 내내 '별일 없는' 근무를 한 탓에 이재의 기회를 누렸다고 한다. 값 나가는 여의도 브랜드 아파트 두어 채씩과, 용산 평창 당진 김포운하 주변 등 전국

요지에 '짱박아' 둔 땅을 죽을 때까지 하나씩 팔아 돈 쓰기 놀음을 할 참인데, 그 돈을 '탕진'할 소재거리 찾기가 행복한 고민이란다. 이처럼 같은 직장 안에서도 수십 억~100억의 차이가 날 정도로 양극화가 극명하니 시민혁명이 일어나지 않는 한 돌이킬 수 없는 빈부 격차와 해결의 기미가 보이지 않는 가난한 청춘 백수들의 앞길은 누구의 책임인가?

그런 고민에 앞서 가진 자와 못 가진 자, 챙긴 자와 박탈당한 자, 현역과 은퇴자, 모두에 해당되는 소망은 일단 몸과 마음의 건강을 추스리는 일이다. 건강 유지에 도움이 되면서 돈벌이도 좀 되고 성취감 느끼며 시간을 보낼 수 있는 일이 무엇일까? 건강하게, 그 나름 의미 있는 일을 하면서 최소한 있는 돈을 까먹지 않을 정도의 소득을 올리는 일이 있다면 정년 후 인생에서 그 일은 썩 괜찮은 동반자가 될 것이다. 게다가 일 자체가 인생 후반기 '마음 공부'에 도움이 되는 것이라면 더할 나위가 없을 것이다. 가족을 위해, 사회를 위해, 남을 위해 헌신해온<sub>부정적으로 말하면</sub> '헛살아온' 나의 인생을 이제 진정한 '나의 것'으로 환원시키기 위해 우선 '내가 누구인가'라는 '나를 찾는 공부' 즉 '마음 공부'가 '제2의 인생'을 출발하는 데 중요한 일이라고 생각했다.

나는 그동안 팔팔한 청춘기와 왕성한 사십대를 월급 적은 〈한겨레신문〉에서 기자직으로 보내면서 그런 생각이 늘 머리를 떠나지 않았다. 그러나 민주주의와 역사 발전에 일조한다는 것을 자긍심으로 삼았을 뿐, 워낙 월급이 적어서 무슨 종잣돈으로 미래를 설계한다는 생각은 할 수가 없었다. 그러다 어쩔 수 없는 선택의 기로에 서게 되는 일이 생겼다.

인생 여정의 반을 넘기던 불혹의 나이 후반인 2003년 말, 내가 다니던

〈한겨레신문〉에서 '희망퇴직'이 강요되었다. 창간 이후 역대 경영진의 파벌 이기적 경영 실책이 누적돼 국민이 모아 준 '민주화 기금'을 축내고 구제금융 파도까지 덮쳐와 신문사의 운명이 '가라앉는 배' 꼴이 되었다. 배 안의 분위기는 창간 선배들부터 바다에 뛰어내려 달라는 것이었다. 나와 내 주변 몇몇 선배는 주저할 필요가 없다는 걸 알았다. 그러나 정작 결과는 안 나가도 될 사람들은 모두 나가고 나가야 할 사람들은 상당수가 남게 되었다.

80년 전두환 무리의 총칼에 의해 KBS에서 해직당한 뒤 〈한겨레신문〉에 와서 창간 발의인, 노조위원장을 하고 아무도 거들떠보지 않고 팽개쳐놓은 '여행'을 맡아 '자연주의 여행'이라는 이름으로 나라 안팎을 찾아다닌 게 17년째, 딱딱한 신문에서 그나마 좀 읽히는 기사로써 독자와 신문사에 적게나마 기여하고 개인적으로도 전화위복이 되었으니, 〈한겨레신문〉은 내가 그동안 대여섯 번 들고 난 다른 직장들에 비해 애증의 폭이 컸다. 그러나 신문사 경영이 벼랑에 처한 때, 오히려 그걸 구실로 과거 경영 실책으로 물러난 사람들이 개선장군처럼 돌아오는 진풍경이 벌어졌다. 누구는 나가라 하고 누구는 '웰컴 컴백'이고 또 누구는 그들 등 뒤에서 세력 재편을 위해 계산기 두드리고, 더 이상 이성과 정의라는 이름이 발붙일 구석이 없어 보였다. 주저하지 않고 짐을 쌌다. 그동안 여행 취재를 하며 눈에 넣어두었던 몇 곳을 떠올려보다가 섬진강이 아름다운 곡성행 남행 열차를 탔다. 서울에 이어지는 '제2의 타향'으로….

곡성은 지리산 자락에서 이어지는 높은 산들이 이루는 분지다. '농자천하지대본'이라는 나라에서 농지가 좁은 산촌은 예로부터 가난하다.

곡성은 이웃인 구례와 남원에 비해서도 관광지로나 특산물로나 별로 알려진 게 없다. 곡성 특산물을 굳이 꼽자면 능이, 섬진강 다슬기, 서양에서 들어와 비닐하우스에서 나는 멜론, 그리고 딸기 정도다.

나는 여행 취재를 하면서 별로 유명하지 않은 곳을 소재로 삼았는데, 곡성은 자연과 인심이 순박할 것이라는 기대 때문에 자주 다녔다. 훑어보면 곡성엔 다른 곳에 없는 자연물이 있다. 섬진강과 보성강 물줄기가 군의 반 이상을 휘감아 돌고, '전라도의 강원도'라고 할 만큼 전인미답의 산골이 많다. 그 골짜기와 봉우리 사이로 이른 아침 강안개가 피어오르는 모습은 선경이자 한 편의 움직이는 수묵화다. 자연의 신선한 정기가 내뿜는 생명력은 인간의 자연 속성을 자극하여 그곳으로 사람들을 끌어들인다. 곡성은 산골 오지라는 이름에 걸맞지 않게 고속도로 나들목이 세 군데옥과, 곡성, 석곡나 있고 새마을호와 KTX도 선다.

28평짜리 새 아파트를 3500만 원에 전세 내어 짐을 풀었다. 이튿날부터는 야생차밭 터를 구하기 위해 복덕방을 찾았다. 아침 안개가 올라오는 섬진강가에 순수 야생차밭을 일구고자 하는 것이었다. 서너 곳의 복덕방을 통해 곡성에서 땅을 훑다 보니 내친 김에 구례를 거쳐 순천 낙안읍성까지 매물로 나와 있는 임야를 찾아 여섯 달 동안이나 산행을 하게 되었다. 가격이 낮으면 자리가 좋지 않고 경사가 덜 심하고 길에서 가까운 곳은 값이 턱없이 비쌌다.

여섯 달 만에 계약을 하게 된 곳은 맨 처음 봤던 곡성군 오곡면 침곡리 5만여 평의 세 필지 산이었다. 앞이 철로로 완전히 막혀 있어서 울타리를 칠 필요가 없고, 그 너머에는 섬진강 중류의 강다운 물줄기가 흐르고 있었다. 또 그 옆으로는 17번 국도가 달리고 있으니 교통 접근성도 뛰어났다. 그러나 거기까지 들어오는 길은 없으니 기차가 쌩쌩 다니는 철로를 넘지 않고서는 오갈 수 없는 맹지였다.

# 왜 야생차인가

내가 서울을 '탈출'하여 깡촌 곡성에 내려와 야생차밭을 일굴 생각을 하게 된 동기는 이렇다. 앞에 말했듯이 '자연주의 여행'이라는 주제로 토종, 토속과 풍물을 만나러 10년 넘게 나라 곳곳을 다녔다. 그러면서 만난 우리 토종, 토속은 모두 우리 삶의 속살을 안고 있었다. 그것들에 정이 깊어갈 무렵 섬진강 주변에 별천지를 이루고 있는 매화와 차를 만났다. 해마다 이른 봄 매화가 필 때 아침마다 텔레비전 방송들이 현장 생방송을 할 정도로 섬진강변의 매화는 이미 명물이 되어 있었고, 차는 '녹차가 세계 10대 건강식품'이란 말과 함께 웰빙 붐을 타고 있었다.

그러나 사람들의 눈을 끄는 대부분의 매실은 상업적 대량생산용 개량매改良梅, 대규모 다원의 재배차는 일제시대에 심어놓은 일본산 차나무 야부기타라는 말을 듣게 되었다. 보도 자료대로 외어대는 매스컴의 호들갑도 큰 문제였다. 그런 매실과 차가 우리의 풍토, 문화, 우리의 체질 및 심성에 맞을까? 사람의 건강과 심성과 공동체 문화에 깊은 영향을 미치는 전통 음식물을 두고 눈가림과 상혼이 판치는 현장을 지켜보기가 고통스러웠다. 펜으로만 말하기엔 사람들의 감각은 이미 격렬한 자극물에 무뎌져 있었다. '펜'에 해당되는 매스컴이 한술 더 뜨고 있었으니….

이 땅의 토종 매화와 차는 다 어디로 갔는가? 이파리를 그대로 덖어서 우려 마시는 차에 비료와 농약을 뿌려대면 이파리 겉과 속에 남아 있을지도 모르는 농약과 비료 기운은? 그런 문제로 몇 번 기사를 썼지만 농민 소득과 지역 발전이라는 명분으로 현지 농가들의 압력성 시위가 밀려왔다. 안 익은 매실 과육에 남아 있는 청산가리성 독소의 존재는 아랑곳없이 'ㅇ매실'이라는 이름을 붙여 파는 상혼에 대해 기사를 썼다가도 어떤 매실 마을에 내려가 무마를 해야 했다. 하루에 버스 한 대씩 신문사 앞에 보내 시위를 하겠다고 위협했기 때문이다. 그

🍃 2013년 10월 어느 날 한 방송에서 전문가들이 나와 이 문제를 강하게 주장했다.

만큼 한국의 일부 '생업 이기주의'는 막무가내로 힘이 세고 소비자를 위한 도덕성과는 그만큼 거리가 멀었다.

매실이건 차건 직접 재배해서 보여주는 길밖에 없다는 생각이 들었다. 은퇴 후에라도 내가 태어나 자란 시골로 귀향하여 '원초적 생산' 지향의 삶을 꿈꾼다면 전통차야생차와 토종 매梅는 좋은 품목이 될 것이라는 생각이 들었다. 그러던 중 2002년 순천 선암사에 들러 토종 매와 전통 야생차, 둘 다를 만나게 되었다. 당시 선암사에는 야생차와 토종 매화의 실물이 무리로 남아 있었고 주지로부터 매화와 차에 관한 깊은 이야기를 얻을 수 있었다. 이후 한 3년 선암사에 드나들며 사단법인 전통차 모임을 결성하고 '산중다담'이라는 차 모임을 여는 데 손을 보태고 《지

허 스님의 차》라는 책을 기획해 발간했다.

2002년 어느 날 선암사 뒤 산속과 이어진 야생차밭을 지나다가 불현듯 이런 생각이 들었다. '야생'은 '인위人爲'와 아예 단절된 먼 들이나 산속에 있어야 하는 게 아닌가. 조상들이 탐매 여행探梅旅行을 하던 〈탐매도探梅圖〉 생각이 났다. 이른 봄 잔설이 녹기 전 산모퉁이를 감고 나오는 매향梅香을 좇아 매화를 찾아가는 여정을 그린 것이다. 그렇다. 진짜 야생 차나무는 조상들의 차 생활 유적이 번식해 산에 남아 있지 않을까? 교보문고에 가서 차에 관한 책을 뒤졌다. 별로 대접받지 못하는 차 코너 구석에서 《조선의 차와 선》이란 색 바랜 책 한 권이 나를 반겼다. 이 책은 일제시대인 1940년 일본인 학자 모로오카 타모츠1879~1946가 전라남도 산림 기사로 와 있던 이에이리 카즈오와 함께 전라남도 일대에서 차나무가 야생으로 남아 있는 곳과 차를 만들던 유적지 실태를 조사한 내용을 담고 있었다. 나중에 안 사실이지만, 이들은 막걸리 등 탁주를 엄청나게 마시는 주민의 악습관에 대해서 음다에 의해 그 기호의 전환을 도모하기 위하여 조선총독부의 방침에 따라 조사를 명령받았다고 한다.

🍃《다도와 한국의 전통 차 문화》, 노무라미술관 엮음, 2013년, 293쪽

나는 수첩에 이 책에 나온 야생차밭 유적지의 이름을 적고, 또 나주 '다도茶道면' 등 지명이 차와 관련 있거나 예전에 차가 났다는 소문이 있는 곳의 군청 홍보실과 농산과에 전화를 걸어 '남도 야생차밭 탐사'에 들어갔다. 그렇게 해서 장성 함평 나주 담양 화순 주암 보성 해남 진도 용장산성터에 이르기까지 전라남도 일대

의 깊은 산과 대밭에 산재해 있는 40여 군데의 야생차밭을 탐사하는 데 2년이 걸렸다. 주로 겨울에 다닌 이유는 낙엽이 다 지고 눈이 내려야 상록수인 산속 차나무들이 햇볕에 파랗게 반짝반짝 빛나서 쉽게 눈에 띄기 때문이었다.

그들 야생차밭은 예전 절집 차밭이나 차세를 내던 아주 오래전 마을 차밭이었던 곳과 그곳의 차 씨알을 다람쥐나 야생동물이 인근에 퍼뜨려 저절로 넓혀진 곳이었다. 2년 동안 이어진 이 야생차밭 탐사는 나에게 차에 관한 귀중한 공부가 되었다. 이때 배운 사실은, 건강하게 남아 자생하고 있는 야생차나무들은 대부분 동쪽이나 남동쪽 잡목이 우거진 산비탈 자갈 섞인 땅춘란이 성하고 있는 곳에서 잘 자라고 있다는 것이었다. 그리고 그런 순수 야생차야말로 요즘 한국 차의 대부분을 차지하는 재배차와는 맛의 담백함과 깊이, 향의 오묘함에 있어서 본질적으로 다르다는 것이었다. 재

🍃 퇴비만 주므로 '친환경 야생차'라고 주장하는 차 포함.

배차를 '재배한 도라지'라고 하면 야생차는 순수 산삼이라고 해도 된다는 생각이 들었다.

야생차밭 탐사에서 얻은 순수 야생차山茶의 생육 조건은 당나라 육우가 지은 《다경》 1항, '차의 근원—之源'에 "차는 들에서 자생하는 것이 좋고, 밭에서 가꾸어 나는 것은 그다음이다. 양지쪽 벼랑이나 그늘진 숲에서 나는 차가 좋다野者上, 園者次; 陽崖陰林"고 한 가르침과도 일치하는 것이었다.

이때 봐둔 산속 야생차밭 가운데서, 나는 2003년 봄부터 밀식密植 상태가 좋은 서너 곳을 찾아가 잎을 따서 차를 만들었다. 곡성군 오곡면

봉조리 폐교를 빌리고 그곳 주민과 함께 팔을 걷어붙였다. 차를 만드는 '비법'을 습득하는 방법으로 《차 만드는 사람들》이라는 책을 기획하여 책에 넣을 내용을 취재하는 방법을 택했다. 10여 명의 수제차 제다인을 찾아가 그들의 차 만드는 모습을 일일이 적고 봉조리로 돌아오는 즉시 그날 밤으로 제다 실습을 했다.

지금도 수제차를 만드는 사람들이 자신의 차 덖는 일을 스스로 '비법'이라고 주장하며 공개를 하지 않는다.

이렇게 해서 나온 차가 '산에서 절로 자란 100퍼센트 순 야생 수제차, 산절로'다. 뭘 모르면 용감하다고, 제다 첫해에 '산절로'는 〈한겨레신문〉에서 운영하던 친환경 농산물 체인인 '초록마을'에 들어가게 되었다. 내가 신문사에 다닌 인연이 큰 역할을 했다.

그런데 깊은 산에 들어가 자생하는 야생차나무를 찾아내어 잎을 한 잎 두 잎 따 모아 차를 만들어 상품화한다는 것은 '기계화, 대량생산 시대'에 역행하는 짓인지도 모른다. 한편으로, '웰빙'을 부르짖는 시대에 '반자연 인위의 차' 대신 '순 자연의 산속 차'를 세상에 데려오는 것만큼 시대의 요구에 부응하는 일도 드물 것이라고 생각했다.

그러나 무엇보다도 방치된 산에 산재해 있는 원료를 확보하는 일이 무척 어려웠다. 산주에게 적잖은 임대료를 주고 찻잎을 따러 가면 이미 누군가가 훑어 가버린 뒤였다. 또 가시덩굴이 무성한 산속에서 뱀 퇴치용 백반을 자루에 싸서 팔다리에 걸고 찻잎을 따는 일은 산삼을 캐는 것보다도 힘이 들었다. 찻잎을 따고 나오면 온몸이 가시에 긁힌 자국들로 문신이 새겨져 있었다. 산주는 자기 산에서 갑자기 노다지가 나는 줄 알고 이듬해가 되기 무섭게 임대료를 올려달라고 했다.

'산절로' 제다 1년의 교훈은 좋은 질의 야생차를 만드는 관건이 '안정된 원료 확보'라는 것이었다. 야생차밭 탐사의 학습을 기반으로 야생차 생육에 이상적 환경을 갖춘 산을 찾아 나섰다. 동향 또는 남동향에 습기가 충분이 공급되는 강가, 양지 녘 자갈밭 산비탈 숲 그늘이 바로 지금 내가 '산절로야생다원'을 일궈가고 있는 곡성군 오곡면 침곡리와 호곡리 산기슭이다. 이곳에 세 필지의 임야 5만여 평을 사서 2004년 봄에 야생차 씨앗을 심었다. 어차피 야생에서 차 씨앗을 옮겨 심는 것은 다람쥐나 동물의 힘에 의한 것일 터이기에 사람의 손을 빌었다. 다람쥐보다는 훨씬 정교하게 심어 발아율을 높인다는 이점도 있을 터였다. 그밖에 나머지는 자연의 원리에 맡기기로 했다. 한국 최초 유일의 대규모 야생차밭이 곡성 산골짝에서 모습을 드러낼 수 있을까?

**야생차는
잎 때깔부터
다르다**

'웰빙'과 '친환경'을 넘어 '힐링'이라는 말이 유행하고 있다. 이는 자연의 일부인 인간이 그동안 문명이라는 이름 아래 자연과 멀어지는 데 애를 쓰다가 뒤늦게 잘못을 깨닫고 귀향하고자 몸부림치는 것에 다름 아니다. 웰빙은 주로 육체적 건강에 초점을 둔 말이고 힐링은 자연과 멀어짐으로써 유발된 정신적 병증을 치유하자는 것이다. 육체적 병은 음식물 섭취와 관련이 있고 대부분의 음식물은 자연의 산물이다. 정신적 병증도 '자연의 이법'이라는 정상 궤도에서 이탈한 이상 증세라고 할 수 있다. 그래서 웰빙 → 친환경 → 힐링의 순서로 인간의 '자연 지향성'이 궤도 수정을 하고 있는 것이 아닌가 생각된다.

나는 산절로야생다원을 만나러 침곡리 산에 다니면서 위와 같은 생각을 자주 한다. 자연 세계에는 수많은 종류의 동식물이 복잡다단하게 뒤섞여 살지만 철 따라 시간 따라 또는 어느 한순간에도 거스를 수 없는 자연의 규칙과 질서가 있는 것 같다. 폭풍우나 북풍한설 같은 거대한 힘에 의해 자연의 모습이 격변하는 것 같으면서도 늘 '그러한' 모습을 유지하는 것은 '보이지 않는 손'이 있음의 증거다. 노자는 자연의 '스스로 그러한 모습'을 도道라고 라고 결국은 사람도 치자治者도 자연의 모습을 본받아야 한다는 결론을 도출했다.

| 人法地인법지 | 사람은 땅을 본받고 |
| 地法天지법천 | 땅은 하늘을 본받고 |
| 天法道천법도 | 하늘은 도를 본 받고 |
| 道法自然도법자연 | 도는 자연을 본받는다 |

—《도덕경》 25장

야생차                    재배차

　자연 공동체의 잡목 잡초 더미 속에서 '무위자연無爲自然'이라는 '자연의 도道'
에 따라 나고 길러지는 야생차는 자연의 건강하고 아름다운 모습의 결정체다.
산에 서식하는 야생차는 자연 공동체의 이웃으로부터 많은 혜택을 받는다. 오랜
기간 낙엽이 쌓여서 변한 거름기가 땅속 깊이 스며들어 직근성 차나무에게 꿀
같은 영양이 되어준다. 떡갈나무 옻나무 같은 활엽수의 넓은 잎은 그늘을 필요
로 하는 차나무에게 햇볕을 적당히 가려준다. 가을에는 그것들이 낙엽 되어 땅
의 습기를 보존해준다. 겨울에는 북풍한설을 막아주는 울타리 및 이불 구실을
하고, 봄에는 썩어서 자연 퇴비가 되어준다. 차나무를 둘러싸고 서 있는 억새풀
이나 잡목은 겨울철 차디찬 직풍을 막아주는 병풍 구실을 한다. 해마다 겨울이
면 땅이 얼어붙는 바람에 차나무 뿌리가 물을 빨아올리지 못해 대규모 차 산지
재배차밭의 40퍼센트가 푸르게 말라 죽는 청고靑枯 현상을 보인다. 그러나 산속
야생차나무는 그런 피해를 겪지 않는다.
　야생차의 건강한 모습에는 '웰빙'과 '힐링'이 다 들어 있다.

첫째, 그해 이른 봄에 야생차는 찻잎의 윤기와 색깔이 여느 것과 다르다. 이는 재배차와 야생차 찻잎의 영양 발육 상태의 차이 때문이라고 여겨진다. 야생찻잎은 이파리 겉면에 윤기가 나고 색깔은 맑은 초록이다.

둘째, 야생찻잎은 찻잎의 육질이 두툼하고 찻잎의 크기가 고르다. 야생찻잎은 잎새 골이 움푹 패여 뚜렷하고 살져 보인다. 이는 야생찻잎이 땅속과 주변 공기로부터 스스로 양분을 획득하면서 혹독한 겨울 추위를 잘 이겨내는 등, 자연의 운행에 의해 자연스럽게 몸이 단련된 탓이다.

셋째, 야생찻잎은 생 찻잎 상태에서 향이 환상적이고 짙다. 야생찻잎을 딴 직후 한 움큼 쥐고 코를 대어보면 매우 진한 향이 기분 좋게 코 안으로 파고들어 오래 여운을 남긴다. 그러나 자극적이지는 않다.

넷째, 야생찻잎은 딴 뒤 쉽게 시들지 않아서 차를 만드는 데 여유를 준다. 야생찻잎은 딴 지 한나절4시간이 지나도 딴 직후의 향과 싱싱한 상태를 유지하기 때문에 질 좋은 녹차를 만들 수 있다.

다섯째, 야생차의 미덕은 완제품에서 두드러진다. 잘 제다된 야생차는 향이 깊고 은은하며 오래가고 6~10회를 우려도 연녹색의 탕색이 크게 변하지 않는다.

# 곡성역과
# 영등포역 사이

산절로야생다원 조성 초기 나는 주말마다 서울과 곡성을 오가야 했다. 신문사 여행 취재로 매주 지방 한 곳씩을 오가는 것에 더해 일주일에 장거리 여행을 두 번씩 하는 셈이었으나 곡성에 내려 다니는 것은 아예 즐기기로 맘먹었다. 머잖아 다가올 산절로야생다원의 모습과 그것이 앉아 있을 곡성의 자연 풍광을 상상하면서 곡성 여정을 '누리는 일'로 삼기로 했다. 그러면서 그 무렵 〈한겨레신문〉에 '곡성역과 영등포역 사이'라는 칼럼을 썼다.

섬진강은 깊은 산골에 뿌리를 두고 시종 산모퉁이를 돌아오기 때문에 강 주변 풍치와 공기가 비교적 다른 곳보다 낫다. 회문산, 지리산, 백운산 등 큰 산들이 깊은 골짜기로 내려주는 물이 모여 이루는 강이니 그 물줄기와 줄나루와 강변길과 마을에 서려 있는 애환이란 다른 강이 걸친 사연과는 퍽 다를 것이다. 김용택의 〈섬진강을 따라가며 보라〉, 박경리의 《토지》, 조정래의 《태백산맥》이 섬진강에서 잉태되었다. 《태백산

맥》은 산에서 움파고 살아야 했던 빨치산들의 이야기이지만 그들 삶의 물길은 섬진강에 닿아 있었을 것이다. 섬진강을 두고 동서로 각각 웅혼한 기질과 가늘고 섬세한 맛으로 목청 터져 나온 '소리'가 동편제와 서편제다. 강을 따라 화개 구례 곡성 순창에서 5일장이 연이어 열리니 장꾼들이 세상 소식을 나르는 구실을 한다. 태안사 천은사 화엄사 연곡사 쌍계사 송광사 선암사 등 큰 절도 섬진강가 1시간 안 거리에 앉아 있다.

해마다 2월 말 산수유가 흐드러지면 구례 산동에서는 여순사건 여걸 백부전의 노래인 〈산동애가〉가 울려 퍼진다. 그 무렵 섬진강변엔 매화도 폭발하듯 꽃망울을 틔운다. 섬진강엔 한때 사라졌던 은어도 올라오고 전에 없던 연어도 치어 방류의 결과로 돌아오고 있다. 요즘 장수 식품으로 뜨고 있는 차茶의 시배지가 구례 화엄사 앞 장죽전긴대밭이고 보름 정도 기다리면 모습을 드러낼 고로쇠 약수도 섬진강 주변 큰 산들에서 난다. 한마디로 섬진강 유역은 풍광 좋은 남녘의 풍요로운 물산과 그것을 기반으로 한 토속 문화의 보고다.

섬진강의 가장 걸쭉하고 아름다운 대목은 중류에 해당하는 전남 곡성이라고 생각한다. 상류 쪽은 물길이 가늘고 하류는 바다와 가까워 강 맛이 떨어진다. 곡성에서 섬진강은 보성강이 합수해 제법 강다운 휘어짐과 푸름을 보여준다.

곡성 옥과 계월마을엔 국내 최대의 강 독살이 남아 있고 호곡마을엔 그림 같은 나룻배가 떠 있다. 옛날 송정마을 앞 나루에서 심청이 배를 탔기에 곡성에선 '심청 축제'가 열린다. 섬진강 물줄기와 지리산 자락의 자연성으로 미뤄 심청은 그런 자애로운 자연이 길러낸 탓에 인류에 충실한 성정을 갖춘 시골 처녀의 전형이었을 것이라는 생각이 든다.

나는 매주 말 곡성에 간다. 아낙네들을 따라 산골짜기에 야생차를 따러 갔다가 버려져 있는 손바닥만 한 산에 그대로 토종 차 씨앗을 뿌려둔 게 지난봄이다. 벌써 한 뼘 반이나 자랐다. 비료와 농약을 뿌려대는 '재배차밭'보다 자라는 속도와 건강한 정도가 두 배가 넘는다. 한겨울인데도 어린 차 싹들이 회갈색으로 주저앉은 풀과 흰 눈 사이로 파란 잎을 내밀고 있다. 찻잎의 3분의 1은 노루가 다 뜯어 먹고 똥만 오지게 싸놓고 갔다.

나는 이 야생다원에 다니는 길에 자연의 생명력을 보며 '웰빙'이란 것을 생각하곤 한다. 참살이, 맘 편하고 질 높은 삶이란 무엇인가. 나는 금요일 오후 영등포역을 떠나는 순간 웰빙을 향해 간다고 실감하게 되고 월요일 새벽 다시 영등포역에 발을 딛는 순간 '인간다운 삶'과는 멀어져 왔음을 확신한다. 나는 일요일 밤 11시 34분에 곡성역에서 막차를 탄다. 지리산 노고단과 섬진강이 보이는 아파트에서 산바람 강바람을 조금이라도 더 쐬고 오기 위해서다. 곡성역엔 늦겨울까지 플랫폼에 동국冬菊 화분 서너 개가 놓여 있고 환송객이 없으면 역무원이 대신 손을 흔들어준다. 기차가 영등포역에 닿는 시각은 이튿날 새벽 3시 50분. 마주치는 풍경은 빈틈없이 누워 있는 노숙자들의 추위에 움츠러든 잠자리다. 정갈한 자태의 반백 여인네들의 모습도 간혹 눈에 띈다. 서울 노숙자 수가 2000년 400명에서 2004년 700명으로 늘었다고 한다. 잠을 잘 자는 것이야말로 생물체에 있어서 웰빙의 기초다. 질 좋은 잠에는 또한 신선한 공기가 필수적이다. 서울에 미세 먼지 오염이 심각해서 그 폐해로 한 해에 9000여 명이 폐암 등으로 죽는다고도 한다. 한쪽에서 유행병처럼 번지는 개별적 웰빙 좇기보다는 이 사회의 진정한 웰빙을 위해 공동체적인 관심과 대처가 절실하다.

# 책 한 권이 일으킨
## 태풍과 태클

내가 야생차에 관심을 갖고 순천 승주 선암사에 드나들던 2002년, 선암사 주지 지허 스님은 "한창기 선생을 만난 것 같다"고 했다. 고 한창기 선생은 지허 스님의 형님뻘인 동향인벌교으로서 70년대 이후 《뿌리 깊은 나무》라는 잡지를 운영하며 새로운 디자인과 콘텐츠로써 우리글 우리 문화 운동을 하셨던 분이다. 그분은 특히 우리 전통문화를 사랑하여 사라져가는 전통문화 복원에도 많은 관심을 기울였다. 판소리와 벌교의 '징광 문화옹기·유기·쪽 염색·전통 수제차 등'를 살려낸 것은 그분의 큰 공적이다. 그분의 흔적을 모아 얼마 전 순천 낙안읍성 앞에 '한창기박물관'이 문을 열었다.

한창기 선생이 살려낸 우리 전통 수제차의 경우, 한 선생이 아이디어 제공과 홍보 및 판매를 맡고 수제차 만드는 일은 지허 스님이 담당했다고 한다. 지허 스님 말에 따르면 당시 '가마금잎차'라는 이름의 상표로 《뿌리 깊은 나무》에 의해 출하된 그 '수제차'는 근래지금처럼 공장 기계 제다 차 농가들의 차가 나오기 전 최초로 상품화된 우리 전통차로서 인기가 대단했다고 한다. 지금까지 그 차를 기억하는 사람들도 있다. 한 해에 5000통을 만들었다고 하니 그 인기와 벌어들였을 돈이 어마어마했음을 짐작할 수 있다. 내 경험으로는 차 만드는 데는 정해진 기간매년 4월 20일 전후부터 한 달간이 있어서 아무리 수제차를 잘 만드는 사람이라고 해도 조수 두어 명과 함께 한 해에 100그램짜리 500통을 만들기 어렵다.

그런 호황을 누리던 중 한창기 선생께서 숙환으로 갑자기 별세하게 되었으니 지허 스님이 겪어야 했던 상실감과 황망감은 짐작이 간다. 이후 내가 지허 스님을 만날 때까지 순천 일대에서는 다른 사람 몇몇이 '차의 대가'로서 지허 스님을 대신하여 한창 이름을 띄우고 있었다. 지허 스님이 나를 만난 일을 "한창기 선생을 만난 것 같다"고 한 것은 이런 상황의 반전을 기대하는 언급이었다.

지허 스님께 제안을 했다. "스님, 갖고 계신 차 지식을 썩히는 것은 아까우니 책을 냅시다. 책이 뜨면 우리 전통차에 대한 인식의 기반을 넓히는 일이어서 좋고 더불어 부수적인 효과도 대단히 클 것입니다." 지허 스님은 처음엔 중이 이름을 알려서 뭐하겠느냐, 책 내는 글을 써본 적이 없다, 하며 극구 사양했다. 그러나 나와 주위에서 스님 개인을 위한 일이 아니고 우리 전통차와 차를 좋아하는 사람들을 위한 일이라고 달달 볶았더니 마침내 손을 들었다.

나는 무엇에 대해 어떻게 쓸 것인지 기획안을 작성하여 설명하고 사진 찍는 일과 홍보, 편집디자인, 기획 등 일체를 맡았다. 지허 스님은 문화적 식견과 감각이 있어서 글쓰기의 조직도 잘했다. 그러나 몸이 약한 데다 승려인 탓에 몇 날 며칠 앉아서 안 해보던 글쓰기를 하는 건 고역으로 보였다. 아무리 써도 양이 채워지지 않았다. 부득이 나머지는 그분이 부르고 내가 받아 적기를 했다. 말이 받아 적기지 묻고 다그치고 또 고치고…. 거의 반고문의 인터뷰였다. 그렇게 하여 반년 만에 책을 내게 되었다.

책은 애초의 기획대로 종전의 책에서 다루지 않았거나 언급하지 못한 내용들로 채워졌다. 예컨대 '녹차는 일본차다' '기존의 작설차 개념엔 문제가 있다. 작설차는 참새 혓바닥처럼 생긴 찻잎만이 아니라 거기에 자색이어야 한다' '한국의 일반 다원에 있는 차나무는 대부분 일본 개량종 야부기타지 우리 전통차나무가 아니다' '재배차는 횡근이고 야생차는 직근이다' '한국의 다도는 따로 있는 게 아니다. 누워서만 마시지 않으면 된다' 등등의 주장과 함께 저자가 예전 선암사 총무로서 선암사 차밭을 복원했다는 이야기, 선암사가 '조계종 소유의 태고종 스님들 거처'라는 괴상한 '소유·거주 분리' 형태로서 순천시장 관리 하에 있는 사정, 이런 상황에 이르는 과정에서 태고종 스님들이 죽창 들고 외부 세력과 싸웠다는 무용담 등을 넣었기에 책은 차계와 불교계의 흥미를 폭발시켰다. '뉴스'가 되니 매스컴이 줄을 이었다. 그 덕에 《지허 스님의 차》는 차계에서 종전에 볼 수 없었던 베스트셀러가 되었고 그 기록은 이후에도 깨지지 않고 있다.

호사다마好事多魔라고, 그렇게 몰려왔던 훈풍이 채 지나가기도 전에 이번엔 태클이 태풍처럼 연이어 들이닥쳤다. 맨 첫 태클은 일부 반대쪽 승려들이 제기했다. 왜 선암사 차만 전통차라고 하느냐, 왜 당신 차만 좋다고 하느냐, 차 제대로 알고 책을 써라. 주로 불교 관련 매스컴에서 야단

선암사 뒷산의 야생차밭에서 찻잎을 따는 스님들

법석이 벌어졌다. 내가 반론을 썼다. 이번엔 또 "왜
기자가 나오느냐, 책을 쓴 저자가 나와서 붙자"고
했다. 이처럼 공격이 집요할 것임은 책 내용이 '혁신적인 주장'이
었기에 애초에 어느 정도 예상한 것이었고, 공방의 내용이 한국 차 문화
발전에 도움이 될 만한 것이었다.

　그다음엔 소송이 들어왔다. 《지허 스님의 차》에서 지허 스님이 선암
사 차밭을 복원했다는 주장이 사실과 다르며, 작설차에 대한 이의 제기
등으로 어떤 이의 명예를 훼손했다는 것이다. 지허 스님은 순천검찰지
청을 거쳐 간 유명한 법조인을 변호인으로 선임했다. 그러나 차밭 복원
이니 작설차가 어떻다느니 하는 대목에서 내가 준비서면을 써주어야만

재판 준비가 진척이 되었다. 글을 써다 주어도 나중에 보면 거두절미하고 문맥이 잘 통하지 않는 준비서면이 법원에 제출돼 있었다. 변호사가 원래 그런다는 사실은 그 재판에서 알았다. 그 재판의 파생으로 그 뒤에 이어진 또 다른 재판에서는 순천의 한 변호사가 앞 재판의 준비서면 한 대목을 내가 법정에서 말한 것처럼 거두절미하여 인용하는 바람에 판사의 증인 심문에서 내가 땀을 흘리기도 했다.

앞 재판은 중재로 끝났다. 책을 더 찍을 때 서문에 대체로 '원고에게 심려를 끼쳐 미안하며, 선암사 차밭 복원할 때 원고도 수고가 많았다'는 정도의 글을 넣어주기로 양쪽이 합의를 봤다.《지허 스님의 차》는 더 이상 찍지 않았다.

차 한다는 게 만만치 않겠다는 생각이 강하게 밀려왔다. 당시는 차가 한창 뜨고 지자체와 농림수산부에서 '차' 하면 쌍수를 들어 지원을 하던 때여서 차로써 그야말로 '일확천금'할 수도 있는 상황이었다. 이후로도 그랬지만 '차로 벌고 지원금으로 챙기고'가 당시의 일반적인 세태였다. 송사가 끝난 뒤 나는 차 하는 사람들 눈에 돈 불이 켜진 것을 느꼈다. 이는 내가 순천 구례 보성 등 이른바 '차 고장'을 피해 곡성으로 간 이유이기도 하다.

# '산중다담'과 시작하자마자
# 깨져버린 '특별한 차 모임'

내가 한창 전통차와 야생차에 관심을 갖고 순천 선암사를 드나들던 2002년 무렵, 선암사에서 한 달에 한두 번씩 차 모임이 열렸다. 나는 그 모임의 성격을 특화하고 매스컴에 보도될 경우를 대비하여 '섹시한' 이름을 붙인다는 생각으로 '산중다담'이라 하였다. 산속에 있는 절간에서 찻잔을 나누며 차에 관한 얘기를 나누는 것이니 그런 이름이 떠올랐다.

산중다담에서는 선암사에서 난 차나 선암사 주지 지허 스님의 차를 마시며 차 이야기, 우리 전통 이야기, 토종 토속 이야기, 나아가 '개판으로 돌아가는 정치'와 시사 이야기 등을 나눴다. 모임에 나오는 사람들은 차에 관심이 있어 신문을 보고 찾아온 이들, 변치 않는 선암사를 좋아한다는 사람들, 선암사 및 지허 스님과 인연이 있는 스님과 몇몇 문화계와 학계 사람들, 순천을 거쳐 가면서 지허 스님과 가까이 지냈던 법조계 인사들, 신문 또는 차와 관계된 일로 나와 알고 지내는 사람들 등, 이른바 차와 우리 전통문화에 관심을 가진 지식층이었다.

모임이 몇 차례 이루어진 뒤 나는 이 모임에 나오는 사람들을 중심으로 전통차와 차 문화를 생각하는 모임을 만들고 이를 사단법인으로 등록하여 전통차에 관한 본격적인 연구 출판 계몽 보급 사업을 하자고 제안했다. 사단법인으로 등록하여 사업 계획서를 제출하면 심사에 합격할 경우 지원금을 얻을 수가 있다. 물론 그 지원금은 사업 계획에 맞게 집행되어야 하고 사후에 감사를 받도록 규정돼 있다.

'산중다담'의 좌장격인 지허 스님은 내 제안을 받아들여 전통차 모임을 만드는 것에는 찬성했으나 이를 사단법인화하는 데는 유보적이었다. 그 이유는 말하지 않았다. 이유를 말하지 않는 것은 대개 반대하거나 자신의 마음에 들지 않는다는 의사 표시다. 즉 우리 대화나 토론 습성에 있어서 반대건 찬성이건 당당히 이유를 말하지 않는 일이 많은데, 표현력이 부족하거나 논리적 훈련이 덜 됐거나 '이유를 말하지 못할 이유'가 있을 때 그렇다. 그렇다고 지허 스님이 꼭 그랬다는 말은 아니다. 하여튼 산중다담 후속으로 전통차 모임을 만들면 산중다담과 선암사 및 지허 스님의 차에 대한 홍보 효과를 얻을 수는 있으나, 사단법인화에 떨떠름한 자세를 보이니 전통차 일반에 관한 다른 사업은 할 수 없는 노릇이었다.

'산중다담'에서 취지를 설명하고 그 모임 그대로 이름만 새로 붙여 동의를 구하는 일이 전부였으니 전통차 모임은 쉽게 결성되었다. 대표는 여러 사람의 동의로 산중다담 멤버 중 당시 이름이 한창 부각되던 어떤 영화감독을 내세웠다. 모임 이름은 내가 생각하여 거창하고(?) 거룩하게 지었는데 그 모임에 참여했던 사람들의 명예를 생각하여 여기에 적지 않는다. 하여튼 한국 각계의 이름 꽤나 알려져 있고 영향력 있는 사람들이 그런대로 망라돼 썩 폼 나는 모임이라 할 수 있었다.

모임을 만든 뒤 며칠이 지나자 갑자기 지허 스님이 모임을 사단법인으로 만들자고 했다. 얼마 전엔 반대하더니 왜 그러느냐고 물었더니 자신이 알고 있는 한 여성이 도의원을 지냈는데 사단법인을 만들면 좋은점이 많다고 하더라고 했다. 나는 한 달여를 자료와 씨름하며 서류를 작성하여 전라남도에 사단법인 등록 신청을 했다. 또 한 달쯤 지나자 사단법인 등록증이 나왔다. 안내서에 후년도 사업 계획과 예산 계획서를 제출하라고 했다. 사업 계획으로는 산중다담에서 나눈 얘기를 묶어 책으로 출판하는 일과 전라남도 일대 야생차밭 탐사 및 보존 사업을 세우고, 예산은 애초에 기금이 없으므로 사단법인 제도의 취지를 살려 사업 지원금 제도를 활용하기로 하고 사업 지원금을 신청했다.

아무런 실적도 없이 사단법인 등록과 동시에 지원금이 나오리라는 기대는 털끝만큼만 하고 시간을 보내고 있는데 어느 날 이른 아침 한 통의 전화가 걸려 왔다. 전화가 올 시간이 아니었는데 낌새가 이상했다. 모임의 대표인 거장 영화감독이었다. "최 기자가 내 이름을 이용하여 돈을 타내 쓰려고 한다면서요? 감사를 받아야 한다면서요?" "아니 감독님 갑자기 무슨 말씀이십니까? 누구에게 무슨 말을 잘못 들으셨는지 모르지만 제 설명을 좀…. 사단법인 등록을 하여 규정대로 사업 지원금 신청을한 것이고 국가 예산을 쓰게 된다면 당연히 감사를…." "듣고 말고 할 것없어요!" 그것으로 전화가 끊겼다. 일주일 뒤 내 집으로 한 통의 내용증명이 배달되었다. 그 감독님께서 변호사를 시켜 공증을 하여 '전통차 동

산중다담이 열렸던 선암사 무우전

무우전 문 밖으로 보이던
토종 백매화

호인 모임' 대표를 그만둔다고 선언한 것이었다.

어떤 종교인들 주변엔 간혹 여성 신도들이 눈에 띄는 경우가 있다. 여성이 신심이 더 돈독한 탓인지도 모른다. 산중다담에도 여성이 많았고, 그중에는 지허 스님 가까이에서 그분의 차 일을 도와주는 젊은 여성이 몇 있었다. 그 가운데 한 사람의 언동은 남들이 보기에 따라 지허 스님의 '차 수제자'라고 오해할 수도 있었고 그녀는 내심 그것을 바라는 눈치였다. 화장과 옷차림이 연예인처럼 눈에 띄어서 나이든 여성들은 눈살을 찌푸리거나 혀를 차기도 했다. 한번은 앞에 말한 전통차 동호임 모임 대표인 그 영화감독이 대표 사임서를 내게 내용증명으로 부치기 전에 그가 만든 영화 시사회에 갔었는데, 그 여자가 영화 관계자의 팔짱을 끼고 무척 다정스런 포즈를 취하는 바람에 영화에 나오는 주인공이냐고 나에게 묻는 사람도 있었다. 나는 그의 언행이 '교언영색 선의인巧言令色鮮矣仁'이라는 말에 딱 맞는 행태라고 생각하여 한편으론 경계하고 한편으론 어이없는 호기심을 가지면서도 지허 스님과 산중다담의 일을 도와주는 것을 좋게 받아들였다.

얼마 뒤 나는 서울에서 해마다 열리는 차 전시회에 내가 처음 만든 '산절로'를 낼 기회를 무료로 얻게 되었다. 나는 시험 삼아 만든 산절로만 내기가 두려워 지허 스님의 차와 선암사 차를 함께 내기로 했다. 그러나 신문사에 근무하는 실정에서 전시회에 직접 참여하기가 어려웠던 차에 마침 그 여성이 전시회 부스 운영을 맡겠다고 자진하여 나섰다. 그 여성은 가지고 갈 차를 지허 스님과 나와 함께 챙기고 선암사 차의 경우 30퍼센트 할인한 가격을 매기기로 하여 서울로 향했다. 전시회가 열리기 전날 밤 전화가 왔다. 기분이 상해서 전시회를 포기하고 내려가겠다고 했다. 왜 갑자기 기분 나쁜 일이 생겼냐고 물었더니 "선암사 차가 너무 비싸기 때문"이라고 했다. "이미 여럿이 함께 합의하여 30퍼센트 할인한 가격을 매겨 가져갔는데 왜 갑자기 기분이 나빠졌느냐, 차 가격에 정의 구현할 전사로서 올라간 것이 아니니 딴 소리 말고 부스를 잘 운영해달라"는 등으로 타이르고 사정했으나 이미 귀를 닫고 있었다. 산절로 야생차 일로 시골에 내려 다닌 이래 비슷한 일을 간혹 겪으면서 언제부터인가 머리에 스치곤 했던 '멀쩡한 쥐가 갑자기 비틀거리면 쥐약을 먹은 것이고, 정상적인 사람이 뚜렷한 이유 없이 이상한 언동을 하면 그럴 만한 이유가 있는 법'이라는 사실이 떠올랐다.

얼마 뒤 나는 이 '전시회 자진 포기 사태'와 전통차 동호인 모임 대표

사임 건을 논하기 위해 지허 스님에게 전통차 모임 이사회 개최를 요구했다. 이사회는 지허 스님, 사단법인 대표인 그 영화감독, 모임을 사단법인화하자고 지허 스님께 조언한 전 도의원, 곡성 봉조리 농촌체험학교에서 나와 함께 제다를 한 인연으로 내가 추천한 ○ 씨 등 몇 명으로 구성돼 있었다. 이사회가 열리던 날 나는 곡성에서 ○ 씨에게 내 차를 타고 선암사 이사회에 함께 가자고 전화를 했다. 그는 사정이 있어서 좀 나중에 갈 테니 먼저 가라고 했다.

그날 오후 선암사에 도착하니 나중에 오겠다던 ○ 씨는 나보다 먼저 도착하여 지허 스님과 다정히 얘기를 나누고 있었다. 이사회가 열리자 나는 전시회 불참 책임 문제와 전통차 모임 대표인 영화감독에게 '왜곡 사실'을 전달하여 대표 사임을 유발한 음해자 색출을 발의했다. 전통차 모임의 정상적 운영을 위해 일사천리로 받아들여질 것이라고 기대했던 내 의견은 의외의 복병 앞에 여지없이 박살났다. 먼저 지허 스님이 단호하게 말을 꺼냈다. "전통차 모임 이사직을 사임한다!" 이유 설명은 없었다. 앞에 말한 '멀쩡한 쥐가 비틀거리면…'이 다시 떠올랐다. 그 옆에 있던 ○ 씨가 바로 말을 받았다. "지허 스님의 의견에 전적으로 동의하여 나도 이사직을 사퇴한다." 그들의 말은 약속이나 한 듯 단호했고 그들의 표정은 의미심장해 보였다. 그것으로 '산중다담'과 이 '특별한 차 모임'은 올리던 막을 내리고 나도 발길을 끊었다.

내가 '산중다담' 이름을 지어 모임을 여는 데 한 역할을 했고 또 그것을 발전시켜 전통차 모임을 만들고 사단법인화하여 전통차 보존을 위한 더 나은 일을 하자고 했던 게 원인 아닌 원인인 셈이었다. 예전에 차로써 영화를 누렸거나 그 후광을 이용하고자 했던 사람들에게 기자인 나는 '예전의 영광'을 재생시켜주는 한때의 유용한 홍보 도구였겠지만 내가 팔을 걷어 붙이고 야생차를 하겠다고 적극 나서는 것이 자칫 자신들의 영역과 이익을 침범할 도전으로 보였을 수도 있었을 터이다.

# 기적의 사과,
# 산으로 귀향한 차

나는 관광으로 먹고 사는 뉴질랜드에 가서 환상적인 자연 풍광에 넋을 빼앗겼다가 "공장이란 비닐 공장 하나도 없어서 모든 생필품을 수입한다"는 말을 듣고 정신이 번쩍 든 적이 있다. 자연과 환경의 중요성은 이제 더 말할 나위가 없다. 1900년대 말부터 2000년대 초까지는 자연보호 운동이 맹렬하게 벌어졌었다. 산업화의 후유증에 대한 자각에서 비롯된 당연한 일이었다. 그러나 요즘은 자연보호가 거의 국민적 상식이 되어 있으니 '운동'이라고 말할 것도 없다. 대신 2000년대 초반 이후 10년 가까이는 '웰빙'이란 말이 유행했다. 웰빙은 문명에 대한 반발에서 자연을 찾고자 하는 것이었고, 주로 식생활과 건강 생활면에서 부르짖는 말이었다. 자연히 '건강식품'으로서 '친환경 식품' 또는 '자연식품'을 찾는 쪽으로 관심이 이어졌다. 그러다 보니 농정 당국이나 각 지자체에서 '유기농 인증' 제도를 운영하고 '친환경'이나 '자연'이라는 말이 붙은 식품은 값이 비싸도 날개를 다는 현상이 벌어졌다. 나는 신문사에서 '자연주의 여행'을 주제로 삼고 취재를 하고 있었던 참이니 누구보다 웰빙이라는 말을 많이 들어왔고 또 그 말에 무척 관심을 기울이고 있었다.

웰빙이 지나가는가 싶더니 2010년을 전후하여 '힐링'이라는 말이 퍼지기 시작했다. 힐링은 주로 '정신적 치유'를 뜻하는 것으로 이해됐다. 텔레비전 인기 프로그램에 힐링을 주제로 삼는 것이 많아지고, 여기저기 명상 모임이 생기고 그 모임들이 커져서 인터넷상에 카페나 홈페이지를 만들어 서로 위로와 격려를 나누는 것으로써 '힐링'을 주거니 받거니 하더니 깊은 산속에 대규모 명상원을 운영하는 단체까지 생겼다. 말하자면 웰빙에 이어 힐링이 사회적 트렌드로 뜨면서 '몰려다니기'로 나타나고 상품화되기 시작했다.

물극필반物極必反이라 했던가?《주역》에서도 괘卦의 가장 윗자리에 있는 효爻는 극에 달해 내려가는 조짐에 있으니 효사爻辭, 효의 뜻을 설명하는 말에는 조심하라는 경고가 붙는 것이 많다. 그것은 지나침을 경계하여 정상正常, 시중時中을 유지하라는 뜻이기도 하다. 예컨대《주역》맨 첫 번째 건괘乾卦 맨 위 효上九의 효사는 항룡유회亢龍有悔, 즉 '용이 극점까지 날아오르니 회한이 있을 것'이다. 우리의 사회적 트렌드라는 것이 또한 그렇다. 그리 멀리 가지를 못한다. 힐링도 마찬가지다. 이에 우려의 목소리들이 나오고 있다. 그것 역시《주역》에서처럼 일탈에 대한 경고다. 남원 지리산 자락 실상사에서 귀농 학교를 운영하고 생명운동을 펼쳐온 도법 스님이 2013년《도법 스님의 삶의 혁명-지금 당장,》이라는 책을 냈는데, "위로를 통해 치유하고 희망을 찾겠다는 것은 에어컨 처방과 비슷해서 순간적으로 편하고 좋을 수가 있으나 삶을 어렵게 만들고 또 다른 착각과 환상에 중독되게 합니다. 위로와 치유의 설탕을 찾아 여기저기 기웃거리고 유랑하고 몰려다닐 것이 아닙니다. 직시하고 직면해야 합니다"라고 일갈했다.

나는 이즈음에서 웰빙이나 힐링의 본질은 '육체적 정신적 자연 지향'이라고 생각한다. '친환경 식품'이나 '유기농'은 주로 음식물을 통한 육체적 자연 지향이지만 자연에 가까이 하고자 하는 노력이되 자연에 완전히 가 닿지는 못하면서 지나친 상품화라는 일탈을 범했다. 위 도법 스님의 말씀에 따르면 힐링도 마찬가지라는 생각이 든다. 현대인의 정신적 트러블은 자연이탈 현상이라고 할 수 있다. 한의학에서는 '불통즉통不通則痛'이란 말과 함께 통증이나 아픈 현상을 '불인不仁'이라고 한다. 인仁은 사랑, 공감, 소통, 배려 등을 품는 개념인데 자연계우주 전체가 하나의 유기체로서 한 마음으로 통함을 전제로 한다. 따라서 어딘가가 막혀 고장나게 되면 정상 상태가 아니어서 아프고不通=不仁, 則痛 그 아픔은 오장육부와 사지의 아픔이 온몸에 지장을 야기하는 것과 같다. 힐링의 가장 기본적 방법은 명상이다. 명상은 '인간은 무엇이고, 참 나는 누구인가?'를 주제로 자연의 일부인 인간이 자연 질서 속에서 어느 위치에 있는지, 자연과는 어떤 관계인지를 마음으로 탐구하여 '제 자리'를 회복하고자 하는 일이라 할 수 있다.

나는 이런 생각이 들 때마다 향·색·맛으로써 자연의 진수를 전해주는 차야말로 웰빙과 힐링에 가장 필요한 동반자임을 확인하곤 한다. 그런데 차가 자연의 진수를 전해주는 것이라면 차를 '재배한다'는 것은 모순되는 일이다. 재배는 인위를 가하는 것이기에 '자연'을 손상 또는 위축

시킨다. 그것은 남이 주는 위로를 통해 힐링을 얻어서는 안 된다는 도법 스님의 말씀이 와 닿는 대목이다. 직접 자연을 대면하여 자연과 합일되는 게 최고의 웰빙이자 지선의 힐링일 터이다. 그래서 차는 야생차여야 마땅하다.

내가 산절로야생다원을 일구다가 뒤에 나오는 '곡절과 좌절'을 다 겪고 산절로야생다원을 포기할 지경에 이른 2010년으로 기억한다. 우연히 책을 한 권 만났는데 그 책에 나오는 이야기가 어쩌면 그렇게 내가 야생 다원을 일구는 일의 철학과 지향점에 약속이나 한 듯 맞아떨어지는지 감격스러웠다.

일본 논픽션 작가 이시카와 다쿠지가 엮고 국내에서도 번역된 《기적의 사과奇跡のリンゴ》라는 책이었다. 자연의 생명력이 얼마나 강하고 신비로운지, 인간에게 얼마나 대단한 혜택을 주는지, 자연의 일부인 인간은 자연 공동체의 삶 속에서 어떤 자리에 있어야 하는지, 그리고 야생을 지향하는 농법이, 아니 야생 그 자체가 어떤 가치를 갖는지를 생각하게 해 주는 책이었다. 오랜 명상이나 참선 수도로 얻을 수 있는 득도의 경지가 거기 있었다. 조상 대대로 내려온 사과과수원을 야생으로 돌리기 위해 쏟는 정성, 그 과정에서 죽음에 이를 정도의 고난, 그리고 그것에 응답해 주는 자연의 위대함이 실감 나는 내용으로 담겨 있다. 사과 과수원 주인이 천신만고 끝에 재배 과수원을 완전에 가까운 야생 과수원으로 리모델링하며 자연의 생명력을 터득해가는 실화가 어떤 자연보호 구호나 친환경 광고보다도 생생하게 마음에 와 닿았다. 내가 산절로야생다원 일구기에서 목격하고 체험한 것을 더해 재구성해보자면 그 이야기는 대충 이렇다.

일본 아오모리 현 하면 사과로 유명한 곳이다. 일본 사람들은 '일촌일품'이라 하여 자기 고장의 특산품을 정말 특산품답게 만들어 내놓는 것으로 세계 제일이다. 매실의 경우도 우리처럼 국적 없는 매실 제품이 범람하고 'ㅇ매실'이라는 설익은 매실을 빨리 따서 좋은 것인 양 내놓는 상혼 따위는 발을 붙일 수도 없다. 우매보시나 각종 매실 절임 또는 매실주 등에 익은 황매실이나 홍매실을 쓴다. 아모모리 현에 가을에 가면 사과 축제가 열려 어딜 가나 사과향이 그윽하고 신선한 사과는 물론 사과로 만든 먹을거리가 헤아릴 수 없을 정도로 다양하다. 특히 우리나라에서는 보관 관리가 어려워 거의 사라지다시피한 홍옥이라는 사과가 어른 주먹 두 개만 한 크기로 환상적인 향과 원조 새콤한 맛으로 유혹하고 있으니 '홍옥의 추억'을 가진 사람들은 가을 아오모리 사과 축제에서 홍옥을 만나는 것만으로도 비행기 값은 건진다.

아오모리 현 이와키 마치에서 대대로 사과 재배를 해온 과수원이 있었다. 주인공 기무라 아키노리는 실업고교 졸업 후 회사에 취직하지만 1년 반 만에 귀향하여 장인의 과수원을 물려받는다. 그는 남들이 다 가는 길로 몰려가기보다는 남과는 다른 새롭고 창의적인 일을 좋아하는 기질이었던 모양이다. 생명 농법의 창시자 후쿠오카 마사노부의 《자연 농법》을 읽고 '아무것도 하지 않는 농법'을 사과 재배에 실천하고자 한다.

그러나 결코 '아무것도 하지 않는 농법'은 아니었다. 농약과 비료 주기를 멈춘 대신 나무마다 돌아다니면서 손으로 쓰다듬어주고 "미안해. 이제부터 맑은 공기와 빗물과 땅속 저 밑에 있는 맛있는 기운을 빨아 먹고 저 산에 있는 나무들과 벗하면서 잘 살아줘"라고 말을 하기도 하고 맘속으로 교감을 나누고자 한다. 그것이 중요한 일과의 하나였다. 그러나 맨바깥쪽, 이웃 논밭과 접해 있는 나무들에게는 그렇게 하지 못했다. 이웃 농부들이 이상하게 여길 것이 두려웠다. 그렇잖아도 농약을 치지 않은 탓에 벌레들이 성해 주변 논밭으로 퍼진다고 이웃 농부들이 투덜거리기 시작했다. 제초제를 쓰지 않으니 잡초가 밀림처럼 우거졌다. 그것들이 이웃으로 퍼져 나갈까봐 틈나는 대로 뽑아주었다. 어느 곳은 제초제를 뿌린 것보다 땅바닥이 반들반들하게 잡초를 뽑아주었다.

그러나 사람이건 식물이건 오랜 세월 길들여진 습성을 무턱대고 끊기가 쉽겠는가. 비료와 농약을 주지 않자 '젖줄'이 끊어진 사과나무들이 제기능을 할 수 없음은 당연지사. 꽃이 피는 수가 줄고 꽃이 피더라도 열매가 열리지 않거나 열리더라도 자라는 도중에 떨어져버리는 것은 모든 재배 열매의 공통된 형상이다. 그러다 서서히 말라 죽어간다. 그 피해는 바로 주인공 기무라 씨와 그의 가정 살림으로 이어졌다. 기무라 씨는 파친코 점원 등 온갖 아르바이트를 하고 때로는 노숙자가 되기도 하고 어느 때는 야쿠자에게 폭행을 당해 죽을 지경에 이르기도 한다. 그 지경이라면 그런 세월이 한 10년에 가까웠을 것이다. 무엇이든 10년은 해야 길이 보인다고 하지 않던가. 그러나 10년이 되기 전 절정의 고비에서 기무라 씨는 밧줄을 들고 산에 오른다. 더 이상 생을 지탱할 의욕도, 더 이상 바랄 것도, 바라서 될 것도 없다고 판단한 것이다.

기무라 씨는 산에 올라 8부 능선에 이르러 3미터 높이쯤 되는 나뭇가지에 목을 매달기 위해 밧줄을 던졌으나 밧줄은 가지에 걸리지 않고 비탈 아래로 빗나가버렸다. 그런데 밧줄을 찾으러 헤매던 중 비몽사몽간에 범상치 않은 나무가 앞에 서 있는 것을 발견한다. 나뭇잎 사이로 스며드는 달빛 아래 우람한 사과나무 한 그루가 사과들을 주렁주렁 달고 서 있었다. 이렇게 깊은 산속에 어떻게 저런 사과나무가 있을까? 환영을 보는 것 같았다. 넋을 잃을 정도로 아름다운 사과나무였다. 자신이 지금까지 목표하고 그리며 찾았던 사과나무와 사과가 거기에 있었다. 적지도 많지도 않은 가지가 굵게 쭉쭉 뻗어 있고, 가지 표면에서는 누가 일부러 닦아놓은 듯 번들번들 빛이 났다. 사과들은 그다지 많이 열리지도 않았고 크지도 않았지만 그 향기와 맛이 코끝과 침샘을 자극할 것 같았다. 산에서 따 먹은 야생 감이 꿀처럼 달았던 기억이 떠올랐다.

누군가가 이 비밀스런 곳에 시험 삼아 사과나무를 한 그루 심고 온갖 비료와 농약을 주어 특별 재배를 해놓은 것일까? 그렇지 않고는 잡초 잡목과 벌레가 우글거리는 이 산속에서 그 연약한 사과나무가 저렇게 독야청청할 수는 없는 일이다. 기무라 씨는 밧줄 찾는 것도 잊고 사과나무로 달려갔다. 그러나 그것은 사과나무가 아니었다. 산에 흔한 도토리나무였다. 사과 열매로 보였던 것들은 옆에 있는 떡갈나무의 잎이었다. 땅바닥에는 잡초가 무성했다. 속은 기분에 허망하기도 했지만 불현듯 어디선가 들었던 '미치면표 미친다줄!'는 생각이 떠올랐다. 미친 듯 땅을 파보았다. 땅은 놀랍게도 푸석푸석 쉽게 파졌다. 흙에서는 사과향이나 청국장 냄새보다 더 진하게 화한 향기가 풍겨났다. 온화한 훈기도 느껴졌다. 그러고 보니 자신이 밟고 있는 흙이 카스텔라처럼 물렁물렁하여 푹 푹 꺼져 있었다.

기무라 씨는 누구에게 세게 뺨을 맞은 것처럼 정신이 번쩍 들었다. 자신이 지금까지 찾아 헤매다 끝내는 찾지 못해 죽을 지경에 이르게 했던 해답이 흙 속에 있었다. 왜 여태까지 산속의 나무들이 비료나 농약 없이도 그렇게 건강하며 벌레 소굴 속에서도 야생 열매들이 그토록 단맛으로 생명을 이어가고 있다는 사실에 생각이 미치지 못했을까? 과수원에 돌아와 흙을 파보았다. 땅이 단단해 잘 파지지도 않았고 흙에서는 산 흙과 같은 진한 냄새도 나지 않았다. 과수원 흙과 산 흙의 가장 큰 차이는 산 흙엔 온갖 잡목 잡초의 뿌리가 공생하고 있다는 것이었다. 어떤 뿌리들은 종횡으로 지나가면서 공기가 드나들 미세한 숨길을 트여주고, 자운영이나 땅싸리 같은 콩과식물의 옆으로 뻗는 뿌리는 질소고정 작용을 통해 공중의 질소를 땅속에 잡아 뿌려주는 '자연 비료' 구실을 할 터였다. 서로 돕고 사는 자연 공동체 세상이 흙 속에서 제대로 영위되고 있는 것이었다.

기무라 씨는 그때부터 일절 잡초를 뽑지 않았다. 전보다 달라진 게 그것뿐인데 한두 해가 지나자 변화가 나타나기 시작했다. 잡초가 우거질 대로 우거진 밭에서 사과나무에 한두 송이씩 꽃이 피어나고 작지만 사과도 열려 익어갔다. 그 '야생 사과'의 맛은 말 그대로 꿀맛이었다. 사과가 너무 작고 초라해 팔 수는 없다고 생각해 잼으로 만들어 빵에 발라먹어보았다. 표현하기 어려운 '천상의 맛'이었다.

그런데 이상한 것은, 기무라 씨가 쓰다듬거나 교감 나누기를 덜하거나 안 한 맨 바깥쪽 사과나무들은 변화가 더뎠다. 어느 샌가 농약을 치지 않는 기무라 씨 과수원에서 벌레들이 양산돼 이웃으로 퍼져 나온다는 이웃 농부들의 불평도 사그라졌다. 기무라 씨의 과수원은 무성한 잡초에 벌레 천국인데 말이다. 알고 보니 기무라 씨의 '잡초 밭'은 이웃 논밭의 벌레들을 불러 모으는 '벌레 집산지' 구실을 하고 있었다. 기무라 씨의 '야생' 사과나무들은 그 많은 벌레들을 야생의 건강함으로써 이웃 삼고 있었다. 말하자면 기무라 사과밭은 식물들만을 위한 '당신들의 천국'이 아니라 온갖 벌레와 고라니 산토끼 같은 동물들도 깃들어 똥을 싸고 주검을 묻는 '자연 공동체'였다. 기무라 씨의 사과는 탁구공만 하지만 그것으로 만든 잼은 사람의 힘으로는 만들 수 없는 맛이어서, 도처의 빵집과 제과점으로부터 밀려드는 주문 때문에 몇 해 뒤까지 예약이 밀려 있다고 한다.

나는 이 책을 읽은 뒤 저절로 입이 귀까지 벌어졌다. 기무라 씨의 사과가 '기적의 사과'로 재탄생한 것이라면 산절로야생다원의 차는 애초에 탄생부터 '기적의 차'일 것이기 때문이다. 기무라 씨의 사과는 이미 야생을 떠난 지 오래된 재배 사과였다가 기무라 씨의 피눈물 나는 노력으로 야생의 자연성을 회복한 것이다. 그러나 산절로야생차의 차나무는 탄생하는 일부터 야생으로 출발할 것이다.

나는 '기적의 사과'와 산절로야생다원의 차가 주는 교훈에서 감격과 무거운 경고를 감지한다. 자연 생태계는 서로 유기적인 영향을 주고받으며 강인한 생명력을 이어가는 공동체의 삶터라는 것이다. 노자와 루소는 '자연으로 돌아가라!'고 외쳤다. 노자는 또 말했다. '자연의 법칙은

친소 감정 또는 무슨 의도나 목적이 없이 운행되지만 결국은 선의 편에 선다天道無親 常與善人.'(자연은) 일부러 함이 없는 것처럼 보이지만 하지 않음이 없다無爲而無不爲.'

기무라 씨가 《자연 농법》을 읽고 시도한 '아무것도 하지 않는 농법'은 바로 '위무위이무불이爲無爲而無不爲'의 농법이라고 할 수 있다. 그렇기에 '기적의 사과'란 '함'이 없으나 '안 함'이 없는 '자연이 가져다준 사과'인 것이다. 아니, 자연이 한동안 인간에게 보냈다가 다시 데려간 사과다. 비단 사과뿐만 아니라 오늘날 우리가 의존하는 모든 곡식과 과일은 원래 자연에서 인간이 끌어내 와 길들인 것이다. 그들은 어느덧 자연의 본성을 잊고 '부자연한 모습'으로 우리 곁에 있을 뿐이다.

산절로야생다원의 차는 애초에 자연의 일원으로서 자연의 이법理法에 순응하여 그것을 몸에 체득하고 있는 자연물 그 자체일 것이다. '기적의 차'가 아니라 '본연의 차'라고 할 수 있다. '데려온 차'가 아니라 '제자리에 돌아간 차' '귀향한 차'다. 자연의 이법은 곧 유불도儒佛道에서 말하는 도道다. 산절로야생다원의 차와 같은 순수 야생차로써만이 진정한 다도茶道가 가능할 것이라는 생각이 들었다.

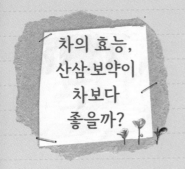

## 차의 효능, 산삼·보약이 차보다 좋을까?

차가 다른 음식에 비해 뛰어난 효능을 지니고 있음은 지난 2003년 〈타임〉지가 선정한 '10대 건강식품'토마토·시금치·적포도주·견과류·브로콜리·귀리·연어·마늘·녹차·머루에 녹차가 들어있는 데서 알 수 있다. 〈타임〉은 '건강한 삶'을 다룬 기획 기사에서 "비타민과 미네랄 등 각종 자연 화합물이 듬뿍 든 음식이야말로 최고의 질병 치료제일 뿐 아니라 장수의 지름길"이라 소개하며 열 가지 몸에 좋은 식품을 적극 섭취할 것을 권했다일부에서는 블루베리를 여기에 넣기도 하나 브로콜리를 블루베리로 혼동한 것 같다.

선현들은 차를 직접 마셔서 얻은 육체적 정신적 체험으로써 차의 효능을 논하는 글을 많이 남겼다. 차를 발견한 5000여 년 전차는 기원전 2737년 신농씨가 발견 이래 차의 효능을 노래한 많은 시구가 오늘날까지 인구에 회자되고 있는 것은 차의 효능이 장구한 세월 동안 검증되고 있음을 말해준다. 자연과 매우 가까이 살았던 옛사람의 코향 입맛 눈차의 색깔의 감각은 문명과 가공식품에 마비된 현대인의 육체적 정서적 감각에 비해 훨씬 정밀했을 것임은 말할 나위 없다. 일찍이 차를 대했던 선현이 차의 덕성과 효능을 설파한 말에 귀 기울이며 차의 신묘함을 가늠해보자.

당나라 육우는 《다경》 '차의 근원'에서 "차의 쓰임은 그 맛이 매우 찬 것이어서 그것을 마시는 데에 적당한 사람은 정성스러운 행실과 검소한 덕을 갖춘 사람이다茶之爲用 味至寒 爲飮最宜精行儉德之人"라고 하여 차의 찬 성질을 정행검덕精行儉德에 비유하고 있다. 차를 마시는 일이 정성스러운 행실과 검소한 덕을 갖춘 사람에게 가장 적당하다는 것이다. 육우의 친구인 시승詩僧 교연皎然은 '다도'를 거론하면서 "한 번 마시면 혼매함을 씻어 마음과 생각의 상쾌함이 천지에 가득하고, 두 번 마시면 정신이 맑아져서 홀연히 비가 뿌려 티끌을 가벼이 씻어내는 듯

하고, 세 번 마시면 문득 도를 깨쳐 어떤 괴로움과 번뇌도 닦아준다"고 했다. 같은 시대의 시인 노동盧仝의 〈칠완다가七碗茶歌〉는 차의 효능과 관련하여 후세인들에게 가장 많이 회자되어오고 있다. 이는 모두 육우의 '정행검덕' 정신을 강조한 것이라 할 수 있다.

조선 초기 한재寒齋 이목李穆 선생은 《다부茶賦》에 〈칠완다가〉를 실었다.

한 잔을 마시니 마른 창자를 눈물로 적신 것 같고

두 잔을 마시니 정신이 상쾌하여 신선되고 싶네.

셋째 잔을 마시니 병든 뼈가 깨어나고 두통이 없어져 마음은 공자가 뜬구름 같은 부귀에 맞서 뜻을 드높이고 맹자가 호연지기를 기르는 것과 같네.

넷째 잔을 마시니 씩씩한 기운이 생겨나고 근심과 울분이 사라지는구나. 기력은 공자가 태산에 올라 천하를 작게 여긴 것과 같아져 이렇게 세상을 휘둘러봄이 용인될까 걱정될 정도네.

다섯째 잔을 마시니 색마가 놀라서 달아나고 제사 신위에 앉은 시동이 제수 음식에 무관심하듯 욕심이 없어지고 구름 치마에 깃옷 걸치고 흰 난새를 다그쳐 월궁으로 가는 것 같네.

여섯째 잔을 마시니 마음은 해와 달이 되고 마음이 크게 밝아지고 만물이 거적위 하찮은 것으로 보이네. 정신이야 소보 허유 백이숙제와 같은 현인의 정절과 지조를 능가하여 옥황상제를 만나는 듯하구나.

일곱째 잔은 아직 반도 마시지 않았는데 어이 청풍이 가슴에 가득 차는가. 천상계의 문을 보노라니 가깝기만 하고 봉래산은 조용 울창하구나.

한재는 이어 《다부》 7장에 차의 '오공 육덕'을 말했다. 5공伍功은 독서의 갈증 해소, 글쓰기의 고통 해소, 접빈 다례의 역할, 배 속을 편안하게 함, 숙취 해소 등이다. 6덕은 사람을 오래 살게 함수명 연장, 병을 치료함, 기를 맑게 함, 마음을 편안하게 함, 신선이 되게 함, 예의롭게 함 등이다.

위 문헌이 전하는 차의 효능은 사람의 몸과 마음에 두루 걸쳐 있다. 차의 효능에 대한 선현들의 이러한 증험이 오늘날 과학적인 검증을 거쳐 녹차가 '세계 10대 장수 식품' 반열에 오르게 되었다. 여러 연구 기관이 분석해놓은 녹차 효능을 간추리면 다음과 같다.

우선, 현대인의 관심을 끌 수 있는 것은 녹차의 항암 효과다.

암은 병균 때문에 생기는 게 아니고 우리 몸의 정상 세포가 유전적으로 변이해서 발병한다. 암은 특히 환경과 생활 습관 및 식 습관이 주요 원인으로 파악되고 있는 만큼 현대 문명병이라고 할 수 있다. 암은 발암물질이 정상 세포의 DNA를 공격해 촉발돼1단계 암의 개시-암의 촉진2단계-암의 진행3단계의 순서로 진행된다. 암의 가장 큰 원인은 음식을 통해 들어오는 발암물질이므로 섭생攝生이 매우 중요하다.《역易》도 음식 절제를 군자의 도리로 강조한다.

지금까지의 다양한 동물실험과 역학조사 결과 녹차는 직장암, 유방암, 피부 종양, 전립선암, 폐암, 위암 등 여러 암을 예방 또는 치료하는 효과가 뛰어나다는 사실이 보도된 바 있다. 녹차의 항암 효과는 녹차에 들어 있는 카테킨이라는 항산화 물질이 발휘한다. 암의 발생과 진전에는 활성산소가 관여하는데 녹차의 카테킨이 활성산소를 제거하는 강력한 효능을 갖고 있다는 것이다. 또 녹차는 암 세포 발생 초기 단계에서 발암 물질을 해독하거나 활성산소가 정상 세포의 DNA를 손상시키지 못하도록 막아준다. 그리고 암 세포가 생긴 이후에도 악성 종양이 증식하고 다른 조직으로 전이되는 것을 억제해 암 덩어리가 더 이상 커지지 않도록 막는다.

— 김영경,《녹차가 내 몸을 살린다》, 한언, 2006, 116쪽

녹차에 들어 있는 성분으로는 항암 효과에서 알 수 있는 카테킨을 비롯하여 데아닌과 비타민이 특별히 주목을 받고 있다. 특히 녹차에서 가장 많은 양을 차지하고 있는 카테킨은 녹차의 성질을 특징 지우는 물질이면서 사람에게 좋은 각종 효능을 발휘하는 것으로 알려지고 있다. 각종 질병 유발의 원흉으로 알려진 몸 안의 활성산소를 제거하는 항산화 효과를 발휘하여 암, 동맥경화, 류머티스 관절염, 치매 등 활성산소로 유발되는 각종 질병을 예방 치료하고, 숙취 해소, 해독, 살균, 지방 분해를 한다. 활성산소는 화학구조상 산소와 약간 다른 '활성형의 산소'를 말한다. 산소 원자핵 주위를 도는 전자는 반드시 쌍을 이루어야 안정적인데, 활성산소는 쌍을 이루지 못한 전자를 갖고 있다. 그래서 다른 물질로부터 전자를 빼앗아 스스로 안정되려고 한다. 따라서 반응성이 매우 뛰어나 조직이나 세포, 세균 등을 가리지 않고 반응해 결합하고 이를 파괴한다. 활성산소 때문에 노화, 암, 당뇨, 천식, 아토피성피부염, 류마티스관절염, 자가 면역 질환, 뇌졸중, 심근경색 등 다양한 질환이 유발된다. 카테킨은 차의 떫은맛을 내는 역할도 한다.

데아닌은 아미노산의 일종으로 녹차의 '마음 치유' 효능을 담당한다. 혈압을 낮추고 흥분을 가라앉히며 뇌·신경계의 기능을 조절한다. 또 아미노산이므로 차의 감칠맛을 내는 역할을 한다. 차의 맛은 카테킨의 떫은맛과 데아닌의 감칠맛의 조화로 결정된다. 제다를 할 때 이 점에 유의해야 한다.

차에 많이 들어있는 비타민류는 항산화, 면역 기능 증강, 지방산화 방지 등의 기능을 하는 비타민C, 비타민E, 비타민A, 베타-카로틴 등이다. 비타민은 체내 대사 과정을 조절하는 필수불가결한 물질이나 몸 안에서는 만들어지지 않으므로 야채나 과일 등 식물성 음식물을 통해서 섭취해야 한다. 그러나 요즘 육식 위주의 식습관과 음주 끽연으로 비타민 부족을 겪을 수 있다. 따라서 차를 자주 마시는 일이 비타민 섭취 방법이 된다. 티베트나 몽골 사람들이 거친 잎차를 쌓아두고 곰팡이에 뜨여가며 차보이차를 마시는 것도 이 때문이다.

특히 비타민C와 비타민E는 피부에 탄력을 주고 노화를 늦추는 기능을 하는 것으로 알려졌다. 양귀비가 녹차 목욕을 즐긴 것이나 중국 최대 녹차 산지인 항주에 미인이 많기로 유명한 것은 그 때문이라고 한다.

녹차에는 탈모 예방 효과도 있는 것으로 알려졌다. 탈모의 직접 원인은 남성호르몬안드로겐의 생성인데, 녹차의 카테킨은 항안드로겐 효능을 지녀서 탈모를 유발하는 남성호르몬 생성을 억제한다.

녹차에는 다이어트 효능이 있다. 스위스 제네바대학 약학부 생리학과 둘루 dulloo 박사 연구팀은 녹차가 신진대사를 촉진하고 체지방의 연소를 증가시켜 체중 감소에 도움을 준다는 내용의 논문을 발표한 바 있다앞에 인용한 책 161쪽. 녹차의 다이어트 효능에는 카테킨이 관여한다. 카테킨이 노르에프네프린 호르몬을 분해하는 효소의 활성을 억제하여 결과적으로 노르에프리프린의 에너지 소비와 체지방 연소를 촉진한다고 한다. 녹차 다이어트는 굶을 필요가 없고 덤으로 녹차에서 다른 병을 예방하는 효과를 얻는다는 장점이 있다.

근래 매년 겨울이면 독감이 기승을 부려 사람들을 고통스럽게 한다. 일본 국립의약품식품위생연구소는 녹차의 항독감 바이러스 효능을 밝혀냈다. 녹차의 카테킨이 독감 바이러스의 정상 세포 흡착을 막아 독감 바이러스 감염을 원천적으로 봉쇄한다는 것이다. 독감 바이러스는 외부로부터 우리 몸 안에 들어와 정상 세포에 흡착된 뒤 세포 안으로 침투하여 증식되면서 독감 증상을 나타내게 되는데, 녹차를 마시면 우리 몸의 항체가 독감 바이러스를 막는 원리와 같은 기능을 발휘하여 이중으로 독감 바이러스 방어벽을 쌓는다는 것이다. 연세대 생명공학과 성백린 교수는 녹차의 항독감 바이러스 효과는 녹차의 카테킨 성분이 독감 바이러스가 정상 세포를 공격하여 감염되는 것을 막는 동시에 바이러스 세포막을 변형시키기 때문이라고 발표했다. 이는 이미 독감 바이러스에 감염되었더라도 녹차로 독감 증상을 완화할 수 있다는 뜻이다앞에 인용한 책 151쪽. 녹차를 자주 마시는 사람들이 감기에 걸리지 않고 동절기를 건강히 나는 이유가 여기에 있다.

이밖에 녹차의 카테킨에 들어있는 폴리페놀은 강력한 살균력이 있어서 충치 예방 효과를 발휘한다고 한다. 차녹차의 한의학적 약효에 대해 《동의보감》 '탕액' 편에는 "차는 기를 내려주고 오래 묵은 소화불량증을 해소하며 머리를 맑게 해준다. 소변을 편하게 보도록 하며 소갈을 그치게 하고 잠을 덜 오게 하며 독을 풀어준다"고 했다.

'탕액' 편에는 '차의 성질이 차서 몸을 차게 한다'는 항간의 소문을 불식해주는 구절도 있다. "몽산차는 성질이 따뜻해 병을 치료하는 데 효과가 좋다." "어떤 사람이 구운 거위 고기를 좋아해 매일 먹는 것을 보고 의인이 이르기를 틀림없이 몸 안에 내옹이 생길 것이라고 했다. 그러나 끝내 그 병은 생기지 않았다. 의인이 기이하게 여겨 찾아가서 알아본즉, 이 사람은 매일 밤 꼭 시원한 차 한 사발을 마시곤 했다는 것이다. 바로 이것이 몸 안의 내옹을 해독하였던 것이다." 차에는 원래 따뜻한 성질도 있다는 것이고, 차를 차게 마셔서 내옹일종의 종기을 낮게 했다는 것이다. 여기서 '차다' '따뜻하다'는 차의 온도가 아니라 약성을 말한다.

'외형' 편에는 "오랫동안 계속해서 차를 마시면 지방을 제거하여 비만한 사람에게 좋다"고 했다. 이밖에 "혈압을 내리고 머리와 눈을 맑게 하며, 술을 깨게 하고, 식중독을 풀어주며, 치아를 튼튼하게 하고, 기생충을 없애준다"고 했다. 또한 "양생의 선약이며, 부작용이 전혀 없고"라고도 했다.

# 산절로
# 야생다원
# 일구기

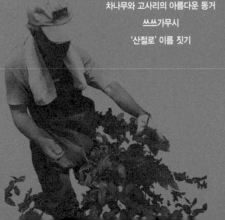

# 야생다원 터 잡기,
# 길 내기 🌾

내가 30년 안팎의 서울 생활을 뒤로 하고 시골에 내려온 목적은 비료와 농약으로부터 해방된 순수 야생차를 살리고 그것을 원료로 한 전통 수제차를 만들어보고자 한 것이었다. 귀농 치고는 목표가 별다르지만 목표 자체는 확실하다고 할 수 있었다. 그러나 보편에서의 일탈이 순조롭지는 않을 것이라는 예감이 들었다. 이때까지만 해도 아직 재배차의 기세가 하늘 높은 줄 모를 때였으므로 (유기농 차도 아닌) 순수 야생차를 한다는 것은 시대를 역행하는 것이었다. 사람들은 '멍청한 짓'이라고 생각해서인지 내 말을 듣는 순간부터 눈빛을 딴데 두었다.

2003년 봄, 우선 야생차 제다부터 하기로 하고 곡성 봉조리 농촌체험학교에 마을 회관에서 쓰던 가마솥을 옮겨 체험학교 운영위원장과 함께 일을 시작했다. 야생차 제다의 가장 중요한 요소인 원료야생찻잎는 지난 겨울에 탐색해둔 산속 야생차밭 가운데 장성 함평 담양 쪽 야생차밭에서 찻잎을 채취해 오기로 하고 산주들과 계약을 맺었다.

이른 새벽에 일어나 찻잎을 딸 인부 아주머니들을 차에 태우고 장성의 산속에 들어가 야생찻잎을 따는 일은 극도의 고락을 동시에 겪는 일이었다. 새벽 대숲에서 온갖 새가 모여 화음을 섞어 연주하는 '봄의 교향곡'을 들으며 잠에서 깨는 순간은 도심에서는 맛볼 수 없는 행복한 시간이었고, 대낮에 꾀꼬리를 비롯한 대여섯 종류의 산새가 바람결에 날려보내는 노래를 들으며 달디단 산 공기와 환상적인 생 찻잎의 향내를 밭으며 찻잎을 딸 때는 시멘트 숲과 매연의 늪인 서울 생활이 남의 일로 느껴졌다. 그러나 마침 남도에 야생차 바람이 일기 시작했던 터라, 아침 이른 시간에 곡성을 출발하여 장성산에 도착해보면 갓 피어난 새순을 누군가가 훑어간 뒤였다. 어느 때는 산속에서 미리 찻잎을 따고 있던 40대 여성 서너 명과 맞부딪치기도 했다. 내가 임대료를 주고 찻잎을 따고 있다고 말하면 그들은 증거를 대라고 악을 썼다. 산주는 가끔 와서 구경만 하고 가더니 찻잎을 채 다 따기도 전에 임대료를 올려달라고 때를 썼다.

그런저런 서러움을 겪으며 야생차 생태와 야생차를 둘러싼 사람들의 욕심에 대해 생생한 공부를 할 수 있었다. 더 이상 서러움을 겪지 않기 위해선 자신의 야생차밭을 갖는 게 절실했다. 그로부터 6개월간 곡성에서 순천 낙안읍성까지 산을 훑은 뒤 섬진강 줄기가 눈 아래 내려다보이는 곡성군 오곡면 침곡리와 고달면 호곡리에 '산절로야생다원' 터를 장만하게 되었다. 여기에 터를 잡은 이유는 구례 순천 보성 등 기존의 차 산지를 피하기 위해서였다. 앞에서 말한《지허 스님의 차》라는 책을 내자 어떤 사람이 명예훼손 소송을 걸어왔다. 또 나주에서 차를 만들던 어떤 사람은 "기자가 왜 차계에 뛰어드느냐"고 반발을 보였다. 그래서 기존의 차인들을 피해가기로 한 것이다. 지금도 그렇지만 당시 곡성에선 아무도 차에 대해 관심이 없었다. 내가 산절로야생다원에 씨앗을 심으면서 곡성농업기술센터에 녹차지원계가 신설됐다.

야생다원 터는 참 맘에 들었다. 철로로 꽉 막혀 있어서 누가 거들떠보지도 않는 전인미답의 야산이고 맹지여서 땅값이 싼 게 좋았다. 단, 나무를 솎아내고 길을 내고, '맨땅에 헤딩하기'식 도전(?)이 필요했다. 섬진강 중류의 살찐 물줄기에 붙어 있는 산이어서 아침 강 안개가 산허리를 적셔 오르는 것이 야생차 생육에 더 없이 좋은 조건이다. 구례화엄사나 화개쌍계사 쪽이 한국 차 시배지가 될 수 있었던 입지 조건도 지리산이라는 건강한 기운의 숲과 섬진강의 습기를 가까이 두고 있었기 때문이리라.

아무도 거들떠보지 않는 땅도 누가 사겠다고 나서면 시골 땅주인은 터무니없는 값을 부른다. 내가 살 땅은 서울에 있는 땅주인이 고향 남원에 있는 오빠에게 팔아달라고 맡긴 것이었는데 그 오빠가 나중에 알고 보니 남원 일대에서 잔머리꾼으로 이름난 복덕방 주인이었다. 그는 빨리 사지 않으면 다른 사람이 조르니 팔겠다고 엄포를 놓았다. 덤으로 주면 될 쓸모없는 자투리땅까지 따로 돈을 내지 않으면 전부 안 팔겠다고 으름장을 놨다. 뭔가 내가 잘못을 저질러 사정하러 온 사람이 아닌가 착각할 정도로 몰아붙였다. 공시지가보다 20배, 원래 땅주인이 10여 년 전 샀던 값보다 예닐곱 배는 올랐을 가격으로 계약을 했다.

중간 역할을 한 노인께 야생차밭을 할 것이라는 귀띔을 한 게 잘못이었다. 시골 사람 중에도 복덕방 일로 사람을 많이 상대해본 이들은 상대의 급소를 재빨리 파악해 이용하는 재주가 본능에 가깝다는 사실을 계

전인미답의 야산, 작업로 내기는
'맨땅에 헤딩하기'식의 어려움

약이 끝난 뒤에야 알았다. 나처럼 땅을 사본 경험이 없고, 사규와 사회규범에 따라 사는 월급쟁이이자 박문천식博聞淺識한 기자로서 상식과 원칙밖에 모르는 사람은 그들의 밥이었다. 그는 나와 같은 용도로 쓸 사람이 나타나지 않는 한 영원히 팔리지 않을 여동생의 땅을 팔면서 안 받아도 될 복비까지 두툼하게 챙겼다.

찝찝한 기분에 이어 또 다른 문제가 꼬리를 물고 일어났다. 우선 길을 내는 게 급선무였는데, 내 땅까지 가는 사이에 남의 땅이 두 필지 끼여 있었다. 땅주인에게 '토지 사용 허가' 동의를 받기 위해 전화를 했다. 땅 주인이라는 70대 아주머니는 길이 나면 자기들 성묘하러 가는 데도 큰 도움이 될 거라면서 비용을 분담하겠다고 했다. 그러나 일주일 후 그 집 문 앞에 가서 전화했더니 "기름값 아까우니 서울서 아예 내려올 생각도 말라!"고 역정을 냈다. 문을 열고 들어가니 "남의 땅을 쓴다면서 쌀 한 톨 값도 안 주느냐!"고 질책을 했다. 나는 동행한 군청 직원의 사인에 따라 50만 원을 꺼내주었다. 그런데 동의서 도장을 받아 군청에 갔더니 그 땅은 그 사람 아들 이름으로 등기돼 있었다. 돈 50만 원은 그대로 날리고 그 길로 선물을 사 들고 부천에 사는 아들 집을 수소문해 갔다.

남은 순서는 이제 길을 내는 일이었다. 잡목 잡초가 밀림처럼 울창한 전인미답의 야산, 누구를 불러 어디에 작업로를 낼 것이며 다른 기반 조성은 어떻게 할 것인가? '맨땅에 헤딩하기'라는 말이 다시 생각났다. 철로와 터널로 꽉 막혀 능선과 계곡만으로 구획 진 야산에서 어디까지가 내 땅이고 어디서부터가 남의 땅인지 측량하기 전엔 경계를 구분해내는 일이 엄두가 나질 않았다. 나는 서울에서 구경 삼아 따라온 후배와 함께 임야도를 떼어 경계선의 실제 거리를 환산해서 산에 들어가서 줄자를 대고 확인 작업에 들어갔다.

일주일 뒤 어떻게 알았는지 곡성군청 산림계장이 산에 달려왔다. 그는 내 사정을 듣고 길을 내는 요식 절차를 알려주고 길이 지나가야 할 코스를 잡아주었다. 고마울 따름이었다. 그는 포클레인 업자도 소개해주었다. 그에게 일단 일주일간 일을 시켰다. 그러나 아마추어인 내가 보아도 길을 기울게 내는 등 성의가 없어 보였다. 포클레인 기사는 일주일 노임으로 300만 원을 요구했다. 군청 실무 계장이 소개한 포클레인 기사가 무리한 요구를 하지는 않을 것이라고 믿어 300만 원을 주었다. 당시 포클레인 일당이 30만 원이었으니 100만 원을 더 준 것이다.

그다음 포클레인 기사로는 내 책《차 만드는 사람들》에 소개된 사람이 광주에 있는 자기 동생을 소개해주었다. 내 책에 자기 글을 실어준 데 대한 보답으로 자기 동생을 보내주겠다고 하니 거절할 이유가 없었다. 그 포클레인 기사가 제시한 가격은 2700만 원, 기간은 한 달 동안이었다. 하루에 90만 원 꼴인 셈이다. 길 내는 코스가 험난해서 포클레인을 두 대 동원한다고 하니 그런가 보다 했다.

그러나 날마다 하는 게 아니고 종일토록 일을 하는 것도 아니었다. 비 온다고 빼고 감기 걸렸다고 쉬고 기계 고치러 간다고 한나절 빼고…. 종 일 꼬박 일한 날은 채 열흘이 되지 않았다. 누군가가 전에 인부들에게 절대 미리 돈을 주지 말라고 했다. 나는 그 말을 어렴풋이 기억하고 있 었다. 그러나 포클레인 기사들은 중간에 기름이 다 떨어져서 '엥꼬'나게 생겼느니, 부속값이 있어야 고장을 고치느니, 해서 일이 반도 끝나기 전 에 전체 공사 대금의 3분의 2를 갈취(?)해 갔다. 하루빨리 길을 내어 봄 을 넘기지 않고 차 씨앗을 심어야 하는 내 사정을 알고 있었던 것이다.

인부들과 일을 할 때는 그들에게 먹잇감이 될 만한 이쪽 사정을 알리 지 않아야 하고, 돈은 정해진 기간 안에 일이 성공적으로 끝나고 일의 흠결하자이 완전 마무리되었을 때 주기로 한다는 합의서를 공증해서 받 아놓는 게 좋다. 우여곡절 끝에 3월 중순경 산절로야생다원 순환도로가 개통되었다. 꿈만 같았다. 전인미답의 산속에 친환경 산길을 만들어 나 뭇가지나 가시넝쿨에 긁히지 않고 한 바퀴 돌 수 있게 되었다는 게.

1년 뒤 봄, 얼었던 땅이 녹으면서 허물어진 길을 다듬기 위해 다른 포 클레인 기사를 불렀다. 길을 내는 데 얼마 들었냐고 물어보기에 이것저 것 합쳐 한 달에 걸쳐 3000만 원가량 들었다고 대답했다. 그는 자기가 열흘 정도의 기간에 1000만 원이면 즐겁게 할 수 있는 일이라고 했다.

# '정말 진짜 순수 참 야생차'
# 씨앗 심기

작업로 개설이 완료되자 시급한 것이 차 씨앗의 파종이었다. 야생차 씨앗은 지난가을에 구해둔 터였다. 4만여 평의 산에 심을 양이니 쌀가마에 담은 차 씨앗이 1톤 트럭으로 한 차 가득이었다. 그런데 야생차 씨앗 구하기와 심기는 난생 처음 하는 일이고 가르쳐주는 사람도 없어서 만만하지 않았다.

어떤 씨앗을 심느냐는 야생차밭을 만드는 데 있어서 중요한 일이라고 생각했다. 앞에 말했듯이 나는 야생차밭 조성에 앞서 전라남도 일대의 깊은 산속 야생차밭 탐사를 통해 어느 정도 밀식이 돼 있는 야생차밭은 거의 파악해둔 바 있었다. 지난가을 산을 잘 타는 곡성 아낙네들과 함께 거기에 가서 야생차 씨앗을 받았다. 나머지는 순천 주암호 부근에 있는 야생차밭 가운데 씨알이 굵은 곳을 골라 주인에게 한 가마당 30만 원을 주고 샀다. 야생차 씨앗은 10월 초순에서 중순 사이에 딴다. 차 씨는 전해의 결실이 이듬해 차 꽃이 피는 시기에 익어 따게 된다. 그래서 차나무를 실화상봉수實花相逢樹라고도 한다.

깊은 산속 자연의 기름기가 풍부한 야생차밭에서는 햇 찻잎도 그렇거니와 차 씨앗도 한 그루의 나무에서 많은 양을 얻을 수 있다. 사람 키 남짓 높이의 나뭇가지를 이리저리 잡아당겨 가며 찻잎을 따거나 차 씨앗을 받으므로 자동으로 전신운동이 되어 좋다. 어느 날 나와 함께 산속 야생찻잎을 따러 다니던 곡성 아낙네들과 보성 재배차밭에 가서 찻잎을 딴 일이 있었다. 허리를 굽히거나 몸을 비틀 일 없이 '꼿꼿장수' 김장수 자세로 찻잎을 따다 보니 5분 간격으로 "허리와 손목이 굳어 못하겠다"는 말들이 튀어나왔다.

야생차밭에서 찻잎이나 씨앗을 받는 일은 이리저리 자연스럽게 자라고 가지를 뻗은 차나무를 자연의 법칙에 따라 이리저리 잡아당기고 허리와 손목을 굽히거나 돌려서 자유분방하게 몸을 놀리는 것이므로 지루함도 덜하고 꼿꼿장수가 되지 않으니 몸이 경직되지도 않는다. 산새들이 화음을 섞어 울고 야생화들의 향기와 함께 신록이나 단풍으로 채색된 산 색깔이 노동의 피로를 덜어주는 청량제 구실을 한다.

10월 초부터 진초록에서 밤색으로 익어가는 차 씨앗은 10월 중순 이후 껍질이 벌어지기 시작한다. 껍질이 벌어지면 안에 들어 있던 씨앗들은 뿔뿔이 쏟아져 내려 자연 발아의 길로 간다. 따라서 겉껍질이 벌어지기 직전에 씨를 따야 한다. 그러나 그때를 맞추기란 쉬운 일이 아니다. 껍질이 터져 쏟아진 씨앗들은 차나무 바로 아래에 한동안 그대로 머물러 있으니 풀잎이 죽은 뒤 줍는 방법이 있다. 그대로 놔두면 낙엽이 덮여서 촉촉한 환경에서 이듬해 발아하게 된다. 야생차 씨앗을 심을 때는 이런 자연 원리를 잘 이해하여 너무 깊게 심지 않도록 해야 한다. 식물의 씨는 땅위에 얹히기만 해도 땅속으로 파고드는 본능이 있다. 단 자연의 생명력이 강한 산에서 가능한 일이다.

차 씨 심는 시기는 그해의 차 씨앗을 받은 직후인 늦가을부터 땅이 얼기 전 초겨울인 11월 초에서 말까지 끝내야 한다. 그때 못 다 심은 씨는 땅속에 묻어 월동 저장을 했다가 이듬해 3월 하순~4월 초순에 심는다. 습습한 땅에서 월동이 잘 된 차 씨앗은 속에 적당한 습기를 품고 알이 탱탱하게 부풀어 있다. 이런 씨앗은 발아 기간을 앞당겨 빨리 자랄 수 있다.

차 씨앗의 겨울나기 방법에 대해서는 주장이 분분하다. 공기가 잘 통하는 가마니에 담아 배수가 잘 되는 땅에 50센티미터 정도 깊이로 파고 짚을 덮어 묻어두는 방법이 있다. 가마니에 넣어 실내에 보관할 때는 씨앗을 2, 3일 햇볕에 말려 겉껍질을 벗겨내고 담아두었다가 이듬해 봄 일주일가량 물에 불려 바닥에 가라앉은 것만 심는다.

나는 받아 온 씨앗을 슬레이트 옥상 바닥에 펼쳐 널었다. 2, 3일 뒤 껍질이 터지자 인부들을 동원해 공처럼 동그랗고 토실토실 큰 알만 골라냈다. 차 씨앗을 심는 간격이나 줄맞추기, 줄과 줄 사이 폭 등은 앞으로 찻잎을 기계로 딸 것이냐 손으로 딸 것이냐에 따라 다르다. 나는 차나무 사이 간격을 30~50센티미터로 하고, 줄 사이 간격을 1~1.5미터 정도로 하는 게 좋다고 생각했다. 그러나 잡목들이 버티고 있어서 생각대로 되지 않았다. 어떤 곳은 줄과 줄 사이는 2미터, 나무와 나무 사이는 50~80센티미터로 하여 한 줄로 심었고, 어떤 곳은 직경 2미터 정도의 원형으로 군데군데 심었다. 바위가 많은 곳은 씨앗을 흩뿌려 던져서 말 그대

슬레이트 옥상에 펼쳐 널은
차 씨앗들

껍질 터진 뒤 공처럼 토실토실한
큰 알만 골라야 한다

로 자연 야생차밭이 되게 하였다. 재배차밭보다 성기게 심더라도 농사를 짓지 않아 토양이 비옥한 산에서는 한 그루의 차나무가 키와 폭이 무성하게 자라고 새끼도 칠 것이므로 재배차밭보다 훨씬 무성한 차밭이 되리라고 믿었다.

씨 심는 깊이는 곡성 아줌마들이 '콩 심듯이엄지손가락 한 마디 정도의 깊이' 하자고 했다. 나중에 보니 차나무는 뿌리가 아래로 2, 3센티미터 먼저 자란 다음 위로 싹이 올라왔다. 산은 경사가 지므로 얕게 심어도 나중에 비에 흘러내린 흙이 덮인다는 것이 평지 사정과 다르다. 또 겨울이 지나 해동하면 경사진 산에서는 얼었다 녹은 흙더미가 곳곳에서 흘러내린다. 이때 일 년 지난 차나무가 뿌리에 덮인 흙을 잃고 뽑혀서 흙과 함께 굴

야생차 씨앗을 심으러 야생차밭으로 오르는
곡성 아줌마들

씨 심는 깊이는
'콩심듯이'

러 내리거나 아래에 있는 것들은 반대로 위해서 내려온 흙에 덮여버리
는 것을 보았다.

차 씨가 발아하는 데는 한 달 반에서 두 달, 또는 그 이상이 걸린다. 어
떤 것은 한 해를 땅속에서 보내고 이듬해에 나기도 했다. 4월 초순에 심
은 것은 5월 말~6월 초에 나는데 장마가 지난 뒤에 나는 것이 더 많았
다. 가을에 껍질째 심을 때는 두세 덩어리, 봄에 심을 때는 터져 나온 속
알들 중에 토실토실한 것으로 3~5알 정도 심었다. 여기서 토실토실한
것이란 반 개짜리 쪽 씨가 아니라 전체가 둥글고 짙은 밤색을 띤 씨알을
말한다. 씨 껍질 색깔에 부분적으로 노리끼리한 대목이 있는 것은 덜 여
문 것이어서 발아가 되지 않고 씨가 반쪽짜리이거나 작은 씨알인 것은

영양분이 상대적으로 적으므로 싹이 나더라도 가늘고 연약한 몸체여서 성장이 더디고 함께 어우러져 발아한 다른 싹들에게 걸림돌이 되기도 한다.

봄에 땅에 묻었던 씨를 파내서 심을 때 주의할 점은, 땅속에서 습기를 얻어 씨껍질이 터지거나 발아를 시작하기 전에 심어야 한다는 것이다. 온갖 동식물이 춘정에 겨워 하듯 발아기의 씨앗은 매우 민감해서, 씨 막이 벌어져 싹이 목을 내민 것을 건드리면 뿌리가 구부러지거나 쌍둥이 싹이 나는 등 기형이 된다.

# 행복과 고행의 4, 5월

차를 만드는 사람들에게는 해마다 4월 중순~5월 중순이 한 해 농사의 가장 바쁜 시기다. 야생찻잎으로 녹차 만드는 일은 단지 4월 중순에서 5월 중순까지 한 달 동안만 할 수 있으므로 그 기간이 가장 바쁜 때이자 차 농사의 시작과 끝이라고 할 수 있다. 그래서 초봄의 향연과 함께 펼쳐지는 이때가 차인들에게는 행복과 고행의 기간이기도 하다. 순수 야생 수제차를 만들고, 제대로 된 야생차밭을 조성하겠다고 나선 나로서는 산속에 자생하는 야생차밭을 찾아내 직접 찻잎을 따서 제다하는 일이야말로 생생한 현장 실습 공부이면서 동시에 여간 고생되는 일이 아니었다. 그야말로 천당과 지옥을 오가는 기분이 들 때가 많다.

나는 2003년부터 전남 장성·함평·담양 등지에 있는 야생차밭에서 찻잎을 따서 '산절로'라는 야생 수제차를 만들어왔다. 찻잎을 따는 날은 새벽 4시쯤 일어나 일꾼 아주머니들을 차에 태우고 6시쯤 산속 차밭에 도착해 찻잎 따기에 들어간다. 그런데 요즘 전남 일대의 야생차밭이란

찻잎 따기, 새벽 4시쯤 일어나 6시쯤 산속 차밭에 도착해야 한다

전쟁터를 방불케 한다. 언제부터인지 야생차 만들기 바람이 불어 차나무가 있는 산을 훑고 다니는 사람이 많다. 그들은 마치 심마니처럼 각종 장비로 무장을 하고 새벽 일찍 차밭에 들어와 찻잎을 훑어간다. 그들이 지나간 자리는 대부분의 차나무가 발에 밟혀 뭉개져 있다. 그들의 행동은 소박 겸허 비움 등 차인의 정신과는 거리가 멀다. 찻잎을 따다가 직접 차를 만들려고 그럴진대 그런 마음가짐으로 제대로 된 차를 만들 수 있을지 궁금하다. '웰빙, 웰빙' 하면서 차가 좋다고 한다면 제다법을 제대로 익히거나 '차 정신'을 생각해야 하는데 그보다는 욕심이 앞서는 것 같다. 이러다간 몇 년 안 돼 전라남도 일대의 야생차밭은 황폐화될지 모른다. 야생차밭은 조상들의 귀중한 삶의 흔적이라고 할 수 있다. 어찌 보면 우연히 남아 있기는 하지만 살아 있는 문화유산이 일부 사람들의 무지와 당국의 무관심 속에 훼손될 위기를 맞고 있는 것이다.

사실 이런 이유 때문에 내가 야생차밭을 조성하기로 맘먹은 것이다.

나는 야생차밭을 원형에 가깝게 조성하기 위해 해마다 차 만드는 시기
엔 산속 야생차밭에 들어가 아주머니들과 함께 찻잎을 따면서 야생차나
무의 생태를 익혀오고 있다. 그러면서 옛사람들의 차에 대한 관찰이 참
으로 깊었고 정확했음에 새삼 놀라곤 한다. 예컨대 차의 고전인《다경》
1항, '차의 근원'에 보면 "차는 들에서 나는 것이 좋고, 밭에 나는 것은
그다음이다. 양지쪽 벼랑이나 그늘진 숲에서 나는 차가 좋다野者上 園者次,
陽崖陰林"고 쓰여 있다. 즉 들에서 나는 차, 그 가운데서도 양지쪽 벼랑, 그
늘진 숲에서 나는 차가 제일이라는 것이다. 이를 종합하면 산속 양지바
른 벼랑이나 비탈 숲 속에서 나는 찻잎이 가장 좋은 차가 된다는 말이
다. 그 이유는 무슨 생물이든 햇볕과 그늘을 적당히 만나야 성장이 고르
고 필요한 성분을 갖추게 되기 때문일 것이다.

　산속에서 직접 딴 야생찻잎을 덖어서 마셔보니 산속 양지 녘 벼랑 숲
속 그늘에서 난 야생찻잎의 차와 재배한 찻잎의 차는 맛과 향이 비교가
되지 않는다. 재배차가 비닐하우스에서 재배한 도라지라고 한다면 산속
야생차는 말 그대로 산삼이라고 할 수 있다. 재배차가 화학조미료를 친
음식처럼 맛이 느끼하고 입안에서 향이 금방 사라지는 데 비해 야생차
는 맛이 깊고 담백하며 차를 마신 뒤에 향이 목구멍을 넘나들며 입안에
오래 남아 이빨을 닦지 않아도 입 안팎을 상쾌하게 해준다.

　찻잎의 때깔에 있어서도 재배차와 야생차는 확연히 구별된다. 재배차
의 새 잎 색깔은 잎 전체가 고르지 못하게 희누르스레하다. 잎 끄트머리
가 구부러져 있거나 낙엽처럼 말라 있는 등 생장 상태도 건강하지 못하
다. 이는 비료 기운으로 봄 여름 가을을 버티어내다가 겨우내 동해로 뺄

곁게 시달려 기운을 잃은 탓이다. 겨울을 나기가 힘드니 동절기에는 많은 잎을 떨구어버리고, 봄에 생존의 몸부림으로 새 잎을 우후죽순처럼 한꺼번에 다량 내놓는다. 겨우내 얼어 있다시피 했기에 기름기 적은 차밭에서 한꺼번에 많은 새잎이 영양을 나눠 가져야 하니 이파리들이 영양실조를 피하기 어렵다. 이에 비해 야생차는 수북한 잡초와 잡목이 이불이 되어주고, 찬바람을 막아주는 병풍이 되어주고, 친환경 거름이 되어준다. 영양실조를 겪거나 생존의 몸부림을 보일 필요가 없어서 이른 봄에 나는 새 잎은 무척 토실토실하고 색깔이 잎 전체에 걸쳐 고른 연녹색이다. 잎 표면에서 윤기도 좔좔 흐른다.

이런 야생 생태를 그대로 간직한 산절로야생다원의 차나무는 건강한 새 잎을 내고 있다. 겨울 동안 허기진 산토끼와 고라니가 2월 말쯤 식량이 바닥났을 때 마지막 대용 식량으로 찻잎을 뜯어먹었을 뿐이다. 이는 자연이 가져다준 '가지치기' 선물이다. 사람 손으로는 거의 불가능한 일, 세밀하고 오밀조밀한 가지치기가 야생동물의 이빨에 의해 이뤄진 것이다.

# 까투리 여사의
# 물벼락 산고와 꺼병이들의
# 둥지 떠나기

5월을 '신록의 여왕'이라고 한다. 그 '여왕'은 보기에만 여왕인 게 아니다. '신록의 여왕'의 자궁은 뭇 생명체들을 잉태하고 있거나 그것들이 태어나 쏟아져 나오는 생명의 진앙지다. 차밭에 묻혀 차나무와 잡초 사이의 싸움을 말리고 있는 나에게 자연이 멋진 선물을 주었다. 산절로야생다원의 생명력을 상징하는 까투리 한 마리가 무려 10개의 알을 품고 내 앞에 앉아 있는 것이었다.

내가 '까투리 여사'와 너무나 황망하게 만나게 된 것은 2004년 5월 하순 어느 날 오전 9시 무렵이었다. 섬진강 강 안개가 자욱한 산허리, 봄에 난 새싹들이 송골송골 자라고 있는 참나무 숲에서 빽빽하게 자란 큰까치수염을 솎아내고 있는데, 천지가 진동하는 소리가 귀청을 때렸다. 암꿩 한 마리가 어디선가 갑자기 튀어나와 날개를 반쯤 벌리고 다친 시늉을 하며 내 주위에 지름 10미터가량의 원을 그리면서 뒹굴며 뛰어다니고 있었다. 나는 순간적으로 그녀의 이상행동에 온 신경을 빼앗기고 있었는데, 까투리 여사는 2, 3분 뒤 파르르 앞산으로 날아가버렸다.

아차! 생각을 가다듬고 보니 바로 턱밑에 몽실몽실한 알 10개가 빼곡히 누워 있는 꿩 둥지가 자리 잡고 있는 게 아닌가. 그러니까 까투리 여사는 풀을 뽑는 내가 자기 코앞까지 와서 휘젓고 다녀도 꼼짝 않고 있다가 마지막 순간 위급함을 느껴 둥지 탈출을 감행할 수밖에 없었던 것으로 보인다.

나는 흥분한 가운데 알의 수만 세어보고 얼른 그 자리를 비켜주었다. 혼비백산하여 집을 나간 까투리 여사의 거취가 걱정되었다. 사람이 코앞까지 다가가도록 날아가지 않은 것은 알이 깨일 때가 임박했다는 것이고, 열 마리의 새끼가 눈에 밟힐 꿩은 절대 알을 포기하지 않을 것이라는 생각이 들었다. 아니나 다를까, 한 20분쯤 뒤 숲 속에서 바스락 소리가 나더니 여사께서 아까 날아간 방향의 반대쪽 낙엽 깔린 땅을 걸어 늠름하게 귀가하고 있었다.

꿩이 보금자리를 튼 곳은 참나무 두 그루가 서로 몸을 꼬고 자란 밑동이다. 주변엔 지난해에 좀 심은 차나무와 올봄에 심어 자란 오미자 줄기가 앞을 살짝 가려주고 둥지 앞 3미터쯤 떨어진 곳에 산절로야생다원에 오르내리는 길이 있다. 둥지 주변 바닥엔 지난가을 떨어져 쌓인 낙엽이 소복이 쌓여 있다. 이 낙엽과 참나무 등걸의 색깔이 까투리의 몸 색깔과 전혀 구별이 되질 않는다. 아무리 가까이 다가가도 꿩이 놀라서 달아나지만 않는다면 그냥 지나칠 일이다. 둥지 안은 땅을 반 뼘 깊이와 한 뼘 반 정도의 지름으로 파고 낙엽 몇 개만 겨우 깔아놓았다. 바닥에 흙이 드러나 있어서 땅에서 습기가 올라올 수 있으니 어미가 잠깐만 자리를 비워도 알이 식지 않을까 걱정되었다.

사실 이 무렵 알을 품는 것은 때를 좀 놓친 일이다. 벌써 섬진강변 길가에선 꺼병이꿩의 어린 새끼, 꿩병아리들이 대여섯 마리씩 달린 꿩 가족을 심심찮게 만날 수 있다. 그 새끼들은 기어 다니는 걸음마 단계를 지나 이미 5, 6미터씩 날면서 댕강댕강 뛰어다닌다. 산절로야생다원의 까투리 여사는 아마 첫배를 실패하고 두 번째로 알을 품었거나 제때 짝을 못 만났다가 노처녀 시집간 만산晩産을 하고 있는지 모른다.

이튿날은 아침부터 비가 내렸다. 나는 꿩이 걱정돼 오전 일찍 산에 올랐다. 꿩은 3미터쯤 앞까지 다가가도 꿈쩍하지 않았다. 망원렌즈로 사진을 찍어보니 머리와 등에 비를 철철 맞고 앉아 있었다. 꿩 부리 바로 앞으로는 두 가닥의 참나무 등걸에서 작은 폭포처럼 흘러내리는 빗물 줄기가 지나가고 있었다. 낳은 지 서너 달이 지나면 어미 품을 떠나 평생 돌아오지 않거나 산속에서 만나도 남이 되어 먹이다툼까지 할 새끼들을 위해 '위대한 산고'를 치르고 있는 것이었다.

알을 품은 까투리 날개깃 사이로 꺼병이 한 마리가 고개를 푹 솟구쳐 낸 것은 그다음 날 오전 8시 무렵이다. 까투리의 몸짓이 영 수상했다. 어제까지만 해도 눈썹 하나 까딱하지 않고 죽은 듯 엎드려 있던 까투리가 그날은 180도 방향을 바꾸어 앉아서 가끔 눈을 껌벅거리는가 하면 허리춤을 간간히 들썩거리기도 했다. 그러기를 얼마 가지 않아 이번엔 까투리 오른쪽 날개깃 사이 털 한두 개가 밑에서 무엇이 위로 들쑤시듯 쑥쑥 들척거렸다. 1분 간격으로 한 5분쯤 그러다가 갑자기 어미 오른쪽 다리 뒤쪽으로 꺼병이 한 마리가 볼쏙, 고개를 내밀었다. 물기도 마르지 않은 채. 그놈도 세상을 처음 구경하는 순간이고 나 역시 그런 꺼병이를 난생

봄비를 흠뻑 뒤집어쓰고 산고를 치르는 산절로야생다원 까투리여사와
산고 끝에 태어난 꺼병이들

처음 보는 순간이었다. 그 꺼병이는 별 힘도 정신도 없어 보였는데, 어미 머리 쪽을 향해 삐악삐악하고 낑낑거리다가 주위를 두리번거렸다. 그러는 중에도 어미는 자주 몸을 조금씩 들썩거렸다. 틀림없이 알을 깨고 나온 꺼병이들이 둥지 밖으로 나오려고 하자 위험을 느껴 품안에 추슬러 안는 것이리라. 나는 밖으로 나온 꺼병이의 사진을 찍고 인부들과 점심을 하러 내려왔다.

　오후 2시쯤 다시 '까투리와 꺼병이'네 집으로 갔다. 그런데 멀리서 망원렌즈로 보니 어미는 둥지를 비웠고 꺼병이들이 모여 옹기종기 앉아 있거나 움직인다. "그 집구석 참 한가해서 좋겠다"는 말이 나올 정도다. 한참 후에 산 위쪽에서 "쩍~쩍~" 하는 소리를 내며 까투리가 모습을 나타냈다. 입에는 지렁이 한 마리를 물었다. 아기들에게 줄 먹이이거나 "쩍~쩍~" 하는 소리를 내는 것으로 보아 '이소離巢, 둥지 떠나기'를 위한 어미 목소리 각인 훈련용 미끼인 듯했다. 나는 어릴 적 기억을 살려 꺼병이들을 집에 데려가 키워볼 생각으로 비닐봉지에 다 담았다. 일곱 마리다. 알 세개는 깨어나지 못한 모양이다. 꺼병이들을 데려오니 일꾼 아주머니들이 안아보고 머리를 쓰다듬고 좋아들 했다. 그러나 꺼병이들을 빼앗긴 까투리 여사의 앙칼진 목소리가 산을 찢어놓을 듯했다. 엄마가 보는 앞에서 갓난애들을 빼어오는 것 같아서 다시 둥지에 갖다놓았다.

까투리는 이윽고 둥지로 돌아와 새끼들과 모처럼 한가한 시간을 보내기 시작했다. 새끼들을 빼앗겼다가 찾았는데도 왜 당장 이소를 하지 않는 걸까? 가장 더운 시간이어서인지 까투리는 나무 등걸 뒤 그늘에 푹 퍼져 있고 꺼병이들도 둥지 안과 주변 가까운 곳에서 저희끼리 장난을 치며 논다. 그러기를 두어 시간쯤, 갑자기 까투리의 모습이 보이지 않더니 한 20미터쯤 떨어진 곳에서 연거푸 "쩍∼쩍∼" 하는 소리를 질러댄다. 이윽고 꺼병이들의 이소가 시작됐다. 알고 보니 갓 난 꺼병이들이 물기가 마르고 어느 정도 기운을 얻도록 그때까지 기다린 모양이었다. 까투리와 이미 낯이 익은지라 나는 둥지 앞 3미터 거리까지 다가가서 꺼병이들의 집 떠나기를 관찰했다. 그런데 깨어난 순서대로 원기가 왕성한 모양이다. 꺼병이마다 몸 움직임이 약간씩 차이가 난다. 꺼병이들의 이동이 시작되자 어치 서너 마리가 와서 짖어대고 새매 한 마리가 날아와 노리고 있다. 자연의 약육강식 감각은 참으로 무섭다는 생각이 들었다.

이소가 시작된 지 10분쯤 뒤 둥지는 완전히 비워졌다. 알에서 나온 지 너덧 시간째 되는 때였다. 그 시간 동안 자연은 꺼병이들에게 어치와 새매의 공격으로부터 도망갈 수 있는 체력을 회복시켜준 것이리라. 그런데 문제가 생겼다. 꺼병이 한 마리가 낙엽 더미에 걸려 더 이상 나아가지 못하고 있다. 가끔 고개를 떨구며 잠을 못이기는 것으로 보아 맨 끄트머리에 나온 놈인 모양이다. 큰 개미 두 마리가 달라붙어 꺼병이 털 속으로 파고든다. 꺼병이가 소스라치게 놀라며 몸을 부르르 턴다. 저러다가 눈이라도 물리면 낙엽 속에 영영 묻히고 말 일이다. 아니 새매란 놈이 또 노리고 있지 않은가. 어미의 "쩍~쩍~" 소리는 산속 저쪽으로 멀어져가고 있다. 따라가기가 힘겨운 이 막내는 포기한 채 어미는 여섯 마리만 데려가는 모양이다. 막내가 기운 얻기를 기다려 이소 시기를 연기하기보다는 밤이 되기 전에 안정된 삶터를 찾아 아무도 안 보이는 숲속으로 가는 모양이다.

밤이면 부엉이가 산토끼를 잡아먹고 흔적을 남길 정도로 산절로야생다원의 생태는 왕성하다. 어치, 살쾡이, 오소리, 너구리, 까치살모사 등 맹금류와 독사가 많이 산다. 야생의 세계, 그곳은 인간의 세계와는 비교할 수 없는 긴장과 긴박감 속에 냉철하고 신속한 판단을 요하고, 순간에도 삶과 죽음이 교차하고 있는 곳이다. 나는 부르르 떠는 막내를 손수건으로 감싸 안고 집으로 돌아왔다. 꺼병이는 내 방에 와서도 잠에 겨워 사족을 못 쓴다. 다른 소리엔 반응하지 않으면서도 내가 "꿩~꿩~" 할 때마다 저도 "끼-끼~" 하면서 가냘프고 선량한 눈을 뜨고 한사코 대답한다. 적당한 시기에 산절로야생다원 안 어디엔가 돌아다니고 있을 자기 가족들에게 데려다주기로 했다.

하룻밤을 방에서 함께 지내고 나니 '막내'는 점차 기력을 회복하여 이제 안방이건 거실이건 나를 따라다니기에 바쁘다. 내 목소리가 각인되어 나를 어미로 생각하는 게 틀림없다. 꺼병이에겐 불행한 일이다. 꺼병이를 계속 붙잡고 있는 것은 인공화된 차나무를 야생으로 돌리고자 하는 '시대 역행자'에게 어울리지 않는 일이라고 생각됐다. 그날 오후 꺼병이를 데리고 산으로 갔다. 그러나 막상 헤어지기가 서운했다. 나는 꺼병이의 보금자리 옆, 부드러운 풀이 나 있고 햇볕이 반쯤 드는 나무 아래에 꺼병이를 앉히고 그 위에 얼맹이알곡식을 걸러내는 망으로 되어 있는 둥근 통의 채를 덮어두고 산절로야생다원 순찰에 나섰다.

한 시간 쯤 뒤에 꺼병이가 반가워할 모습을 그리며 돌아왔다. 50미터 전부터 "꿩~꿩~" 하며 꺼병이를 불렀다. 그러나 대답이 없다. 망 안을 들여다보니 꺼병이가 없다. 나가지 못하도록 평평한 땅에 단단히 엎어 놓은 얼맹이는 그대로였다. 어디로 갔을까? 멀리서 내 소리와 다른 까투리 여사의 "쩍~쩍~" 하는 부름 소리가 들리는 듯했다. 주위엔 어치 몇 마리도 날고 있었다. 막내 꺼병이의 종적을 걱정하는 나에게 일꾼 아주머니들은 걱정 말라고 위로했다. 틀림없이 까투리의 모성애가 발동하여 쩍~쩍~ 불러대다가 꺼병이 대답을 듣고 와서 데려갔을 거라고 했다. 그러면서 "산에 사는 것들이 인간보다 낫다"고 혀를 찼다. 시골엔 도시에 나간 자식들이 내려 보낸 손자들을 두셋씩 거느리고 사는 할머니가 이 많다. 이런 경우 대부분 며느리가 집을 나가버린 탓이다.

# 차 싹들아 나와라,
## 장맛비에 뽕!
## 나온 꺼병이들처럼

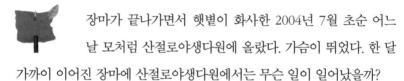

장마가 끝나가면서 햇볕이 화사한 2004년 7월 초순 어느 날 모처럼 산절로야생다원에 올랐다. 가슴이 뛰었다. 한 달 가까이 이어진 장마에 산절로야생다원에서는 무슨 일이 일어났을까?

봄에 새로 난 대지의 생명들이 열기와 습기를 충분히 받아 앞으로 살아갈 기운을 넉넉히 채우는 때가 한 달 안팎 지속되는 장마다. 장마기의 산속에선 정말로 터지기 직전 풍선처럼 생명력이 부풀어 오른다. 장맛비를 흠뻑 맞았다가 잠깐 햇볕이라도 쬔 땅은 흙냄새가 훈훈하다. 풀과 나무들이 풍기는 풋내에도 사람을 와락 끌어당기는 매력이 배어 있다.

산절로야생다원의 신록은 어떻게 변했을까, 얼마 전 늦깎이로 둥지 탈출에 성공한 까투리 여사와 꺼병이들은 무사히 지내고 있을까, 봄꽃들은 다 졌을까, 산사태가 나거나 무너진 곳은 없을까…. 그 가운데서도 가장 궁금한 것은 올봄에 심은 차 씨가 발아해서 땅 위로 돋아났을까 하는 거였다. 시간을 당기기 위해 400밀리미터 망원렌즈를 들이댔다. 땅바닥에 크고 작은 풀들이 무성하게 나 있었지만 무엇인지 구별할 수는 없었다. 저 속에 차 싹도 있겠지? 설렘 반 두려움 반의 가슴을 안고 다가갔다. 4월 초에 차 씨앗을 심고 석 달을 기다렸으니 이젠 두꺼운 씨 막을 뚫고 또 땅을 뚫고 차 싹이 올라와 있겠지. 그 씨앗을 틔우기 위해 뻐꾸기는 그렇게 울어댔으며, 그 인仁을 발아시키기 위해 천둥은 또 먹구름 속에서 울어댔으며, 그 씨앗을 싹으로 돋게 하기 위해 온 천지가 유정유일維精維─하게 정성을 들이지 않았는가! 만일의 경우, 거기에 들인 시간과 돈과 노동과 고민도 아깝지만 남들이 비웃을 일이 먼저 생각났다. 서울에 가면 전 직장 동료들에게 그동안 무엇을 하고 왔는지를 말해줄지도 걱정됐다.

떨리는 발걸음으로 숲 아래 잡초 밭으로 다가갔다. 눈을 씻고 보아도 차 싹 같은 건 보이지 않았다. 머리끝이 아교풀을 먹인 것처럼 빳빳이 솟구치는 것 같았다. 그 춥던 겨울의 남도 야생차밭 탐사, 봉조리 농촌체험학교에서 난생 처음 차 덖기를 하던 날 밤의 소쩍새 울음, 산을 사러 다니던 때 여러 날의 고통, 임대한 산에서 야생찻잎을 따다가 낯선 여인들과 마주쳐 삿대질을 주고받으며 싸운 일들이 머리를 스쳤다. 그게 무의미한 에피소드가 될 판이었다. 이런 일을 당할 때 어떻게 당혹스런 표정을 짓는 게 남을 가장 많이 웃겨주는 걸까? 별생각이 다 났다. 자연은 속이지 않는다고 했던가? 그럼 내가 뭔가를 잘못했겠지. 씨를 너무 깊이 심었거나 씨가 겨울을 나면서 생명력을 잃어버렸거나 비가 너무 많이 와서 땅속에서 썩어버렸거나…. 그 원인을 알아볼 필요가 있을까? 이 어렵고 아무런 보상도 없는 일을 계속해야 하나?

문득 차 씨 모를 부은 곳에 가보면 그 원인을 알 수 있겠다는 생각이

자연은 속이지 않는다

들었다. 지난 4월 차 씨를 심고 한 자루 정도가 남았었다. 길가 한 평 정도의 땅을 평평하게 고르고 거기에 그것을 모판에 볍씨 뿌리듯 빽빽하게 심어놓았다. 허탈한 심정으로 못자리 쪽으로 걸음을 옮겼다. 성급한 시선이 가만있지를 않았다. 다가갈수록 무슨 풀이 수북이 자란 것이 보였다. 모를 붓기 위해 일부러 땅을 고르고 풀을 쳐낸 곳이어서 바닥이 훤했었는데 다른 곳과 다름없이 그새 무슨 풀들이 수북이 자라난 것이 보였다. 산에 흔한 취나물 싹이나 큰까치수염 아니면 우산나물일 것이다. 내 눈이 나를 속이는 걸까? 내가 너무 실망하여 착각 속에 빠진 나머지 환상을 보았을까? 거기엔 꿈에 그리던 차 싹들이 나 있었다. 그냥 나 있는 게 아니라 다른 풀들처럼 반 뼘 가까이 쑥 자라 있었다. 그 옆에 나 있는 다른 풀들은 말 그대로 잡초일 뿐 차 싹들은 이에 비해 기세가 등등했다. 아무도 없는 산속에서 산신령이 나를 위해 길가에 떨어뜨리고 간 금덩어리들을 줍는 기분이었다.

10여 분 동안의 행복한 꿈에서 깨어난 나는 아까 봤던 참나무 숲 속 차 씨를 심었던 곳으로 다시 가보았다. 땅바닥에 수북이 자란 풀 속을 다시 헤쳐보았다. 아까는 없던 차 싹이 거기에도 똑같은 크기로 자라 있었다. 단지 모를 부은 곳보다는 더 성기게. 아까는 조급함이 앞서 풀 속에 띄엄띄엄 나 있는 차 싹들을 보지 못한 것이다. 반나절 내내 이 잡듯 산을 뒤지고 다니면서 차 싹이 난 곳과 나지 않은 곳, 차 싹들의 길이와 이파리 상태를 사진 찍고 적었다. '자연은 속이지 않는다'는 말을 확인해주는 증거물이었다. 내가 난생 처음 산에 씨를 뿌리고 생산을 하게 되는 순간을 기록으로 남기고 싶었다. 남들이 아무도 하지 않는 일, 얼핏 보면 시계를 거꾸로 돌린다고 비웃음 사기 십상인 일을 당당히 할 수 있는 근거가 생긴 것이다.

차 싹은 어느 곳에나 고르게 난 것은 아니었다. 참나무 숲처럼 활엽수가 우거진 동남향 경사면 낙엽이 수북이 쌓여 덮인 곳을 헤치면 새파란 싹들이 일제히 올라오고 있었다. 햇볕이 온종일 드는 서향이나 거의 들지 않는 동북 방향, 숲 그늘이 없고 흙이 단단한 황토로 되어 있어 물 빠짐이 좋지 않은 곳엔 차 싹이 보이지 않았다. 그러나 꺼병이들이 태어나듯 모든 씨앗이 한날한시에 세상에 나오지는 않을 것이므로 더 기다려 보기로 했다.

산을 내려오는 길에 노자의 말이 생각났다. 천지불인 천도무친天地不仁 天道無親. 자연은 아무런 목적, 의도, 감정 없이 세상을 운영한다. 산에 심은 차 씨도 자연의 섭리에 따라 날 곳은 잘 나고 안 날 곳은 안 난다. 자연은 속이지 않는다. '콩 심은 데 콩 나고 팥 심은 데 팥 난다.' 산이나 자연이 인간을 대하는 것은 인간이 인간을 대하는 것과 좀 다르다.

# 우릴 뭘로 보고
# 이 땡볕에 일을 시켜요!?

 2004년 7월 중순, 나는 지난 주 차 싹이 잘 돋아난 것을 확인하고 한층 고무되었다. '자연은 속이지 않는다'는 진리를 확인한 것이 무엇보다 뿌듯했다. 이제부터 산에서 일할 만하다는 생각이 들었다. 누구에게도 자신 있게 말할 수 있는 물증이 생긴 것이다.

지난주 차 싹 탐색에서 내 눈에 행복을 가득 안겨준 모판의 우람한 차 싹이 일주일 내내 머리에서 지워지지 않았다. 그 싱싱한 생명력을 다른 곳으로 옮겨서 그곳 차 싹들과 경쟁을 시켜볼까? 차 씨 심던 일꾼 아주머니들이 한 말이 생각났다. "곡식들은 서로 경쟁을 한다." "콩을 늦게 심으면 먼저 자란 콩들에 치여서 자라지 않는다."

나는 재서 아주머니께 전화를 했다. 재서 아주머니는 내가 곡성에 와서 땅 구하는 일부터 일꾼 구하는 일까지 죽 도와주고 있는 재서 아저씨 안주인 마님 호칭이다. 재서 아주머니는 산절로야생다원 만들기에 있어서 일꾼 섭외 담당이면서 산 일을 할 때는 남보다 2, 3배 더 하면서 리더십을 발휘해 일꾼들을 지휘한다. 또 산절로 차를 덖을 때도 찻잎 비비기

차 싹을 캔다          차 싹

를 거의 도맡아 한다.

　이른 아침인데도 햇볕이 뜨거웠다. 폭염 폭탄 쏟아붓기를 참았던 햇볕이 장마 뒤 본색을 드러낼 기색이었다. 아주머니 세 분과 나, 이렇게 네 명이 모판에 난 차 싹을 옮겨심기로 하고 산에 올랐다. 모판이 노지여서 더 이상 두면 그 아까운 차 싹들이 햇볕에 타버릴지도 모른다. 옮겨 갈 곳은 산허리를 뚫고 낸 길 양쪽 가장자리로 정했다. 그곳은 차가 다닐 수 있는 길가여서 나중에 찻잎 따기도 좋고 실어 나르기도 쉬운 곳이다. 재배차밭의 경우 일부러 계단식으로 차를 심는다. 문제는 재배차밭은 생땅을 밀어붙인 곳이기에 비료를 많이 주는 것으로 척박함을 해

차 싹을 옮긴다                                                      길에 심은 차 싹

소하지만 '순수 야생차'를 지향하는 산절로야생다원의 길 가장자리는
그렇게 할 수가 없다는 것이다.

　우리는 차 싹 모를 뽑아서 이고 지고 길가로 날라다 심었다. 길가는
포클레인에 밀려나 쌓인 흙이 단단하게 굳지 않아서 차 모종 심기가 수
월했다. 차나무는 직근성이고 잔뿌리가 많지 않아서 옮겨 심으면 물 흡
수가 곤란해 곧 죽는다고 알려져 있다. 옮기면 죽는 차나무의 특성을 절
개의 미덕으로 보아 예전에 딸을 시집보낼 때 가마에 차 씨앗을 넣어주
었다고 한다. 시집 장독대 곁에 차 씨앗을 심어두고 "옮기면 죽는다"고
생각하며 그 집 귀신이 될 때까지 오래 잘 살라고⋯. 다반사로 이혼이

흔한 이 시대 사람들은 이해하기 힘든 일이리라.

우리는 오전 한나절을 즐겁게 차 모종 심는 일로 보내고 편백나무 그늘에서 점심을 먹었다. 아주머니들은 산속에서 차 모종을 하는 게 예상치 못한 일이어서인지 육십 평생 별일을 다 해본다면서 껄껄 웃어댔다. 그리고 낮잠을 한 숨씩 자고 오후 일을 시작했다. 1시간쯤 지나니 200미터쯤 되는 길 양쪽에 50센티미터 간격으로 어린 차나무들이 죽 심어졌다. 한 줄로 치면 400미터 길이의 괜찮은 차밭 고랑이 하나 깊은 산속에 생긴 것이다. 여기에 심은 차나무들이 잘만 된다면 산에 길을 지그재그로 더 많이 내어 길가 양쪽에 차나무를 죽 심어볼 일이다. 그렇게 해서 수확할 수 있는 양이 꽤 될 것이다. 찻잎을 따고 실어내기도 무척 쉬울 것이어서 작업 효율성 높은 산속 야생차밭이 될 것이다. 일을 해가면서 새로운 요인에 의해 새롭게 부가가치를 창조해갈 수 있는 일이 간혹 생기겠다는 생각이 들었다.

이제 3시까지 1시간쯤 물만 주면 일이 끝날 판이었다. 비온 지가 얼마 되지는 않았지만 땡볕이 본격적으로 내려쪼이는 때였으므로 물을 흠뻑 주는 게 필요했다. 길을 내면서 파놓은 연못에 물이 잔뜩 고여 있었다. 우리는 물 조리를 들고 아래쪽에 있는 연못으로 바삐 오르내렸다. 그런데 한 아주머니가 저쪽에서부터 머리를 숙이고 땅만 쳐다보면서 올라오는 모습이 예사롭지가 않았다. 그 아주머니는 물을 다 준 뒤에 갑자기 물 조리를 내동댕이치며 "사장님, 대체 우리를 뭘로 보고 이 땡볕에 일을 시키는 거여! 소한테도 이러지는 안 컸는디" 하고 짐을 챙겨 산을 내려가버렸다. 재서 아주머니가 난처한 표정을 지었다. 그 '버럭 아주머니'

는 재서 아주머니 친동생이었다. 다른 한 아주머니도 잠시 쭈뼛거리더니 내려가버렸다. 재서 아주머니도 "사장님 저도 내려가야 될랑개비여" 하고 내려가버렸다.

그때서야 7월 중순 한낮 땡볕이 사나웠던 것을 알아차렸다. 나는 생각지도 않았던 길가 양쪽 차밭이 많이 생긴 것과 거기에 싱싱한 차 싹을 옮겨 심는 일이 신이 나서 다른 것을 잊고 있었던 것이다. 그러고 보니 나도 온몸이 땀으로 멱을 감고 숨을 헐떡거리고 있었다.

# 분출하는 산 기운,
# 잡초 속에서 꿈꾸는
# 어린 차나무들

7월 중순 어느 날, 일꾼 아주머니들의 '땡볕 노역' 항의로 차 모종 일이 파탄 나고 도중에 산을 내려온 뒤 더 이상 산에 오를 엄두를 내지 못하게 하는 더위가 몰려왔다. 시골 농부들은 이 무렵이면 새벽 4시 반에 일을 나가 11시 이전에 오전 일을 끝내고, 오후엔 3시가 넘어서 나머지 일을 하거나 아예 포기한다. 주로 고추밭이나 옥수수 밭 매는 일이나 논둑 풀베기, 농약 뿌리기를 하는 때이다. 나도 며칠 전에 옮겨 심은 차 싹이 살아 있는지를 확인하는 일 외에 몸을 움직여 무슨 일을 한다는 것은 불가능했다. 조금만 움직여도 금방 땀이 온몸을 적시고 숨이 막혀왔다.

돋아난 차 싹과 옮겨 심은 차 싹이 자연의 터질 듯한 생기 속에서 온갖 잡초와 함께 키 재기 경쟁을 하고 있을 산절로야생다원 안부가 궁금했다. 일주일 동안은 매일 오후 한 번씩은 산에 갔다. 옮긴 지 일주일이 지났는데도 길가의 차 싹들이 하나도 죽지 않고 기운을 차리고 있음을 확인하고 이제 더 이상 산에 가지 않아도 되겠다고 생각했다. 더위도 더

위지만 사람 키만큼 자라버린 잡초와 팔 길이만큼 솟아오른 소나무의 새 가지, 그리고 이제 제법 단단해져서 가시넝쿨의 사나운 이빨질을 하는 청미래 넝쿨, 한껏 성화를 부리는 매미 소리, 땀내를 맡고 한사코 얼굴 주위를 앵앵거리며 정신을 빼앗는 산 파리들의 기세가 '이제부터 산의 주인이 바뀌었음'을 과시하는 듯했다. 장마 직후만 해도 한 뼘 안팎 자랐던 우산나물과 큰까치수염은 일주일 만에 사람 가슴까지 자라 있다. 캐어내고 돌아서면 그 자리에 금방 새 순이 반 뼘쯤 나와 있는 고사리는 말할 것도 없다. 그들의 기세가 나에게 한동안 산에 들어오지 말라고 밀어내는 것 같았다.

사람은 갈증을 음료수로 해결하지만, 산은 봉우리 쪽에 내린 비가 경사각을 따라 끊임없이 땅속으로 흘러내리며 식물에게 자동으로 수분을 공급한다. 산속 땅 어디나 조금만 파보면 늘 축축하게 젖어 있는 것이 이를 증명한다. 그래서 아무리 가물어도 산에 서 있는 나무들이 말라죽는 일은 없다.

산의 식물들은 장마가 가져온 습기와 여름의 무더위가 최고의 보약이다. 식물들은 아무리 더워도 사람처럼 땀을 흘리거나 숨을 헐떡댈 일이 없다. 보약 먹은 사람이 생기를 내뿜듯, 한여름의 산절로야생다원은 매미가 쏟아내는 앙칼진 소리를 반주 삼아 야생의 기운을 끊임없이 내뿜는다. 무더위 속 산 기운은 산절로야생다원에 발을 들여놓는 일을 무척 힘들게 했다. 산 아래턱 야생다원 들머리서부터 무더위와 함께 산속에서 내려오는 야생의 드센 기운이 내 몸을 밀어냈다. 그 기운을 확실히 물리적으로 느낄 수가 있는 데서 자연의 생기가 그토록 강함에 무서운

여름 동안 산을 다 뒤덮어버린 잡초들. 잡초와 잡목과 상부상조 공동체 이웃이 되어
풀에서 나무로 변하고 있는 차나무를 발견한다

생각까지 든다. 이후 한동안 산절로야생다원에 가기를 포기했다.

9월 하순이 되자 햇볕의 기세, 질감, 색조가 좀 변했다는 게 감지되었다. 그사이 두 달이 지났으니 햇볕의 각도가 기울어진 것을 자연에 둘러싸인 시골에서는 육감으로 알 수 있다. 곡성에 내려온 이후 터득하게 된자연의 섭리 하나가 그것이다. 사람도 동물인지라 '동물적 육감'으로 충분히 계절의 변화 조짐을 인지할 수 있다는 것이다. 아무리 추워도 입춘과 정월 대보름 사이 어느 날부터 봄볕 기운을 느낄 수 있다. 아무리 더워도 입추와 상강 사이 어느 날 한물간 햇볕과 살랑대는 바람결에서 가을 기운을 느낄 수 있다. 그러나 이것은 시멘트 밀림과 매연의 늪인 도시에서는 '동물적 육감'이 발달한 사람만 가능한 자연 체감이다.

다시 산절로야생다원으로 향했다. 차나무는 보이지 않았다. 야생의세상에서 산절로야생다원은 잡초가 주역이었다. 여름 동안 산을 다 뒤덮어버린 잡초들이 꽃을 피우고 씨를 맺는 갈무리를 하고 있었다. 원추리꽃 도라지꽃 용담꽃 들의 꽃다발 속에 팥배 밤 도토리 상수리 개암 야생 감 들이 익어가고 있었다. 다람쥐들이 눈빛에 총기를 번뜩이며 날쌘돌이가 되어 있었다. 양 볼이 터질 듯한 모습을 보면 밤이 떨어지기 시작했음을 알 수 있었다. 옻나무 잎이 진홍색으로 물들어가고 있었다.

7월 중순 외부인을 밀어냈던 산 기운의 기세가 두 달여 사이에 교향곡의 후반부에 든 악조처럼 온순해지며 주홍 계통 채색으로 변신하고 있었다. 노자가 말한 '도상무위이무불위道常無爲而無不爲, 자연은 늘 어떤 목적과 계산으로 무엇을 하는 것은 아니지만 안 하는 게 없다'의 의미를 실감케 했다. 차나무들은 어떻게 되었을까? 지금 오랜만에 산절로야생다원에 든 건 장마 뒤 무더위의 기승을 구가해온 잡목과 잡초의 기세 속에 여린 차나무 새싹들이 얼마나 억눌렸는지, 과연 살아 있을지를 알아보고자 한 것이 아닌가.

아까 다원 초입에 들 때부터 둘러보았건만 차나무들은 보이지 않고 절정기를 마무리하는 잡초와 들꽃과 다람쥐의 야단법석이 눈길을 빼앗았다. 억새처럼 길고 억세게 자란 잡초들이 숲을 이루고 있는 길섶으로 가서 차나무들을 찾았다. 잡초들은 여름의 풍성한 산 기운을 여한 없이 누렸다는 듯 스스로 떼 지어 한쪽 방향으로 비스듬히 누워서 땅으로 돌아갈 채비를 하고 있었다. 차나무들이 무성하게 서 있어야 할 자리에 생을 내려놓는 잡초들만 퇴적되고 있다니…. 나는 그 잡초 더미를 들춰보았다.

아! 거기에서도 역시 자연은 함이 없는 것 같지만 안 함이 없었다. 여리기만 했던 차나무들이 거센 장맛비와 찌는 더위와 볶는 땡볕을 다 이겨내고 장년이 되어가고 있었다. 그 연하고 푸르던 몸 줄기는 이제 제법 통통한 갈색으로 변해 있었다. 풀이던 것이 나무로 변하고 있는 모습이었다. 잡초가 눌러대도 전혀 기죽지 않고 "나 멀쩡하게 잘 살아 있어요!"라고 외치고 있는 것 같았다. 잡초를 걷어주지 않아도, 햇볕 가림막을 해주지 않아도, 잡초와 잡목과 상부상조 공동체 이웃이 되어 사람 손길을 탄 것보다 더 잘 돼가고 있었다.

배수로가 있는 길가로 가서 보았더니 더 큰 기적이 기다리고 있었다. 경사진 산에서는 장마 때 배수로에 자갈과 토사가 섞여 쏟아져 내린다. 거기에서 차나무들이 생존을 위한 몸부림을 하고 있었다. 토사에 거의 묻혀 목만 내밀고 있는 놈, 반대로 이리저리 씻길 만큼 씻겨서 거의 알

몸이 되어 있는 놈, 높은 지대에서 토사와 함께 떠밀려
내려와 겨우 실뿌리만 땅거죽에 걸치고 있는 놈….
그러나 한 놈도 생을 포기하고 있지 않음을 싱싱하
고 윤기 나는 이파리로 웅변하고 있었다. 땅에 묻힌 자
는 주변 흙을 파주고 흙 씻김을 당한 분들에겐 수북이 흙
을 덮어주었다. 위에서 떠내려 와 실 같은 뿌리 끝을 땅거죽
에 생명줄처럼 걸치고 있는 이들을 보니 뿌리 끝에서 3분의
2쯤 되는 자리에 모두 똑같이 알을 하나씩 달고 있었다. 씨에
서 싹이 나고 남은 부분이 계란의 노른자위처럼 탄생 후 영양
밭이 되어주고 있는 것이었다. 그 억센 장맛비가 모여 쏟아져 내
리는 토삿더미 속에 섞여 나뒹굴고 부딪치기를 수없이 하면서 차나무들
은 어미가 준 젖병을 결코 놓치지 않고 꼭 안고 있었다. 어느 차나무 하
나 그 영양덩어리를 놓치지 않고 똑같이….

# 잡초, 자연 공동체의
## 다정한 이웃

9월 중순 이후 태풍 '산산'이 산을 훑고 지나가면서 더위가 꺾이고 스산한 바람이 뒤를 이었다. 이번 여름엔 장마가 열흘가량 더 길었고 더위도 무척 독했다. 그런 여름이 기죽는가 싶더니 갑자기 사라져버렸다. 몸과 마음이 허전했다. 갑작스런 날씨 변화에 생명체의 반응은 이렇게 예민한가 보다. 처서가 지나면 식물의 기운은 뿌리로 내려간다고 했다. 여름 무더위에 왕성했던 이파리들의 광합성 활동이 무뎌지고 자연의 생명 기운이 잎에서 줄기를 따라 내려가 뿌리를 튼튼히 하면서 겨우살이 준비를 한다. 나는 자연의 이런 모습을 보면서 《도덕경》 16장이 생각났다.

夫物芸芸부물운운　　만물은 무성하지만
各復歸其根각복귀기근　각기 자신의 뿌리로 돌아간다.
歸根曰靜기근왈정　　뿌리로 돌아가는 것을 고요함이라
　　　　　　　　　이르는데—'모든 생명의 원천은 고요다.'

| | |
|---|---|
| 是謂復命시위복명 | 이는 천명을 회복한다는 말이다. |
| 復命曰常복명왈상 | 명을 회복하는 것을 정상적인 이치라 하고 |
| 知常曰明지상왈 | 그런 이치를 아는 것을 밝다고 한다. |
| 不知常부지상 | '늘 그러한 이치'를 알지 못하면 |
| 妄作凶망작흉 | 제멋대로 나쁜 일을 하게 된다. |
| 知常容지상용 | 천리를 알면 포용하게 되고 |
| 容乃公용내공 | 포용력이 있으면 공평하게 되고 |
| 公乃王공내왕 | 공평할 줄 알면 왕 노릇 |
| | ―세상을 선하게 다스림―을 할 수 있다. |
| 王乃天왕내천 | 왕 노릇을 하는 일은 곧 하늘에 |
| | 부합하는 것이며 |
| 天乃道천내도 | 하늘에 부합하는 일이 곧 자연의 이치다. |
| 道乃久도내구 | 자연의 이치대로 하면 오래갈 수 있으며 |
| 沒身不殆몰신불태 | 죽을 때까지 위태롭지 않다. |

재래종 차나무는 직근성이어서 처서 이후 생명 기운이 뿌리로 내려가는 절기엔 체내에서 많은 변화가 있을 것이라고 생각됐다. 그들에게 계절에 맞는 일을 해주는 게 어떤 것일까 고민했다. 스산한 기운과 함께 잡초도 생을 마무리할 채비를 하고 있다. 봄이나 여름엔 눈에 띄지 않던 잡초가 차나무를 뒤덮거나 차나무보다 키가 훨씬 더 자라서 꽃봉오리를 내밀려 하고 있다. 추위가 오기 전에 후손을 퍼뜨리기 위한 잡초의 긴박감의 표출인가 싶었다. 그런 잡초를 다 뽑아버릴 수도 없고, 또 올겨울을

생각해서 차나무들의 동해 방지용 이불 역할을 하도록 어느 정도는 남겨두기로 했다.

며칠 전에는 마을 아주머니 여섯 분과 함께 봄에 파종한 강 건너 산절로제2다원의 풀 뽑기를 하였다. 봄에 줄 맞춰 심었던 씨앗들이 우거진 잡초 속에서 그대로 일목요연하게 모습을 드러내고 있었다. 아주머니들은 이 차 씨앗들을 직접 심었던 터라 숨겨두었던 보물찾기를 하는 기분이라고 좋아했다. 그런데 아주머니들은 북풍이 직접 와 닿는 곳은 잡초를 그대로 남겨두어야 한다고 했다. 시골 아주머니들의 오랜 농사 경험에서 우러나오는 판단은 여느 전문가의 식견보다 정확하다. 차나무의 동해凍害는 추운 기온 때문이 아니라 직접 와 닿는 북풍의 차디찬 충격 때문이라는 사실을 나중에 알았다.

야생차밭 탐사에서 확인한 바, 산에 심는 야생차는 동해를 입지 않는다는 것이 큰 혜택이자 장점이다. 차나무의 동해에는 '적조 현상'과 '청조 현상'이 있다. 청조는 땅이 얼어서 뿌리가 땅속의 수분을 흡수하지 못해서 가지와 잎이 푸른 상태로 말라죽는 것이고, 적조는 찬바람을 맞고 이파리들이 빨갛게 말라죽는 것이다. 햇볕이 좋은 보성·화개·제주도 다원의 차나무도 겨울을 난 3월초엔 대부분 뻘겋게 동해를 입은 모습을 드러낸다. 산에 있는 야생차가 동해를 입지 않는 것은 잡목과 시들은 잡초 더미가 바람을 막아주고 이불이 되어주기 때문이다. 또 산에는 경사진 지형상 항상 땅속에 물기가 흐르고 있고 잡초와 잡목이 보온 막 역할을 하여 땅이 얼지 않기 때문에 청조 현상이 일어나지 않는다.

재배차 단지에서는 동해를 막기 위해 쌀겨나 짚을 덮어주고 곳곳에

선풍기를 달아 서리를 불어내는 수고를 해야 한다. 아주머니들의 말을 듣고 나는 하루 일하는 것으로 풀 뽑기를 그만두었다. 일당을 생각하면 하루라도 더 일을 하자고 할 텐데 풀을 더 이상 뽑지 말자고 한 아주머니들의 마음이 고마웠다.

여기에서 시골 인부 쓰는 일에 관해서 몇 자 적고자 한다. 예전에는 인부를 '놉'이라고 불렀으나 이는 '노비'의 약자로서 현대에

북풍이 직접 와 닿는 곳은 잡초를 그대로 남겨둬야 한다

어울리는 않는 개념이다. 내가 2년 전 타향인 곡성에 혼자 내려왔을 때 인부 얻는 일이 어려웠다. 아는 군청 직원을 통해 부탁하는 수밖에 없었다. 대신 품삯을 좀 더 주기로 했다. 당시 품삯은 새참열 참에 먹는 음식 제공에 여자는 하루에 2만 5000∼2만 7000원이었다. 나는 4만 원을 주기로 했다. 참은 빵과 음료수였고 점심은 각자가 도시락을 싸 왔다. 나는 아침마다 빵집으로 새참거리를 사러 다니는 게 여간 번거롭지가 않았다. 아주머니들은 일을 참 잘해주었다. 그때 일이란 늦은 가을에 야산의 생땅을 호미로 파서 차 씨앗을 심고, 이듬해 봄 4, 5월엔 잡목이 우거진 산속에 들어가서 야생찻잎을 따고, 무더운 한여름엔 잡초를 뽑는 것이었다. 그런데 품삯도 품삯이지만 아주머니들은 날이 갈수록 나와 정이

들어서 모든 일을 자기 일처럼 해주었다. 도시에서 막 내려온 나에게 농사 경험이 많은 시골 아주머니들이 알아서 척척 일을 해준다는 것은 품 삯 몇 푼 더 올려준 것의 몇 배에 해당하는 흐뭇함을 가져다주었다. 당장 풀을 뽑을 것이냐 놔둘 것이냐 등 바로 결정해야 할 경우 아주머니들의 오랜 경륜에서 나오는 판단은 고민 해방 명약이었다.

# 낙엽의 고마움

가을이면 산에서 낙엽이 우수수 떨어진다. 떡갈나무 잎 옻나무 잎 등 큼직한 이파리들이 갈바람에 한꺼번에 떨어지는 모습은 마치 우박이 오듯 한다. 이것은 야생차나무들에겐 크나큰 축복이다. 나는 산절로야생다원 일을 시작하면서 순천 상사호 호변에 있는 토부다원에 견학차 들른 적이 있었다. 그때 토부다원에 들어가자마자 그 다원 안주인이 하도 한숨을 크게 쉬며 낙망해 있는 것을 보고 나는 왜 그러냐고 물을 엄두도 내지 못했다. 그 여주인이 넋두리하기를 차나무의 동해를 막기 위해 많은 돈을 들여 왕겨 수십 가마를 사다가 밭에 덮어주었는데 회오리바람이 한 번 일어서 일거에 쓸어가 버렸다는 것이다. 멀리 날려간 것도 아니고 바로 옆 동네 집집마다에 마당 헛간 가리지 않고 흩뿌려놓아서 마을 사람들의 성화가 대단하다는 것이었다.

산절로야생다원은 잡초와 잡목이 많아 겨울 추위를 잘 막아줄 것이라고 생각되어 동해 걱정은 없었으나 아직 한 번도 겨울을 당해보지 못한 어린 차나무들이 맨살을 드러내고 서 있는 길가가 걱정됐다. 새로 난 산

길은 휑하니 바람이 잘 통하는 통풍로가 될 것이기 때문이었다. 그 길옆 고랑에는 무더기로 떨어진 낙엽이 바람에 쓸려 허리까지 쌓여 있었다. 나는 일꾼들과 함께 빈 자루를 있는 대로 챙겨 들고 낙엽을 쓸어 담아다가 어린 차나무들을 덮어주었다. 토부다원처럼 회오리바람이 분다고 하여도 낙엽은 왕겨처럼 가볍지 않으니 하늘로 치솟아 날아갈 염려는 하지 않았다. 또 산에서는 잡목과 잡초가 빽빽한 울타리가 되어 막고 있어서 회오리바람이 들어올 틈새도 없다. 이래저래 산이 최고였다.

그날 점심은 아주머니들과 함께 특별히 낙엽석쇠구이삼겹살로 하기로 했다. 내 기억엔 어릴 적 어른들이 들에서 구워주는 돼지고기구이의 환상적인 맛이 각인돼 있는 터였다. 때로는 짚불구이로, 때로는 솔가지불구이로 해주었는데 어느 것이고 돼지막 냄새돼지고기에서 독특하게 나는 구린 냄새가 나지 않고 조미료 친 것보다도 쌈박한 맛이 있었다. 최근 이것을 상품화하여 전남 무안에서 '짚불구이돼지고기'가 흥행 중이다.

불씨나 불이 밖으로 번지는 것을 막기 위해 땅을 지름 50센티 정도 반구형으로 파고 낙엽과 솔가지를 섞어 불을 지피고 그 위에 삼겹살을 펼쳐 얹은 석쇠를 놓는다. 1, 2분 정도 지나 석쇠와 고기가 열을 받으면 기름이 떨어지면서 불이 화끈 타오르고 낙엽과 솔가지 연기에 훈제가 되면서 고기가 센 불에 금방 노리끼리하게, 침이 꿀꺽 넘어갈 정도로 익는다. 한우 쇠고기는 저리가라다. 95퍼센트 정도 익었다고 생각될 때 옆에 있는 생솔가지를 하나 꺾어 석쇠를 떠들고 고기 위에 올려놓은 뒤 또 1, 2분 정도 뒤척거리면 솔 향이 고기에 배어 기막힌 훈제돼지고기구이가 된다.

낙엽은 산속 어린 차나무의 자연 거름이 되기도 하고 찬바람 막이 구실도 한다

　나는 그 뒤 산에 오를 때마다 낙엽을 덮어준 곳에 가보았다. 특히 길 가보다도 너무 가파른 곳에 길을 잘못 내어 원상 복구할 목적으로 차나무를 심은 곳에 낙엽을 많이 덮어두었는데, 그동안 바람에 낙엽이 이리저리 좀 쓸려 다니기는 했지만 워낙 큰 낙엽을 많이 덮어주었기에 별 탈

이 없었다. 위에 눈이 쌓여 낙엽이 축축하게 젖어서 이제 굴러다니지도 않거니와 차나무에 습기를 제공하는 역할까지 하는 것 같아서 좋았다.

한 해 뒤 차나무 뿌리가 제법 힘을 받아 키가 쑥쑥 자라기 시작하면서 알게 된 사실이 있다. 유독 길가에 있는 차나무들이 다른 곳보다 잘 자라는 것이었다. 줄기의 굵기나 키가 자라는 길이가 다른 곳 차나무보다 1.5~2배에 가까웠다. 그 원인은 길을 낼 때 포클레인이 걷어낸 겉흙이 길가에 층층이 쌓이면서 오랜 세월 삭은 낙엽이 안에 파묻혀 자연 거름이 되었기 때문이었다.

그러나 세상 일이 마냥 잘되게 되어 있지는 않은 법. 산속 야생의 힘인 낙엽의 기운으로 건강하게 자라고 있는 차나무들을 보고 무단히 헐뜯는 자들이 생겼다. 2010년 내가 '곡성군정감시주민모임'을 결성해 곡성군 행정의 파행과 곡성 사이비 언론의 행패를 지적하는 일을 하자 곡성군수의 측근임을 자처하는 사람과 곡성의 지역 신문 보급소장 겸 '기자'인 사람이 '퇴비 주고 야생차라고 사기 친다'는 글을 몇 달 동안 곡성군청 홈페이지 참여게시판에 올렸다. 곡성경찰서에 단속을 요청했으나 '무혐의' 면죄부를 주는 것으로 대답했다.

# 하룻밤 새 자로 잰 듯
# 잘려나간 차나무들

산절로야생다원에 차나무가 돋아난 첫해인 2004년 겨울, 12월 4일 섬진강에 눈이 많이도 내렸다. 전국적으로 첫눈이 온 것인데, 지리산 주변 섬진강 자락에도 전에 없이 많은 눈이 내렸다. 섬진강변 길은 산자락이 추위를 막아주어서 눈이 쌓이는 것을 보기가 어려운데, 이번에 내린 눈으로 섬진강 물줄기는 온통 순백의 이불을 두르고 있다. 시퍼런 강물 줄기를 따라 펼쳐지는 순백의 세상은 빌딩 숲이 눈에 덮인 도시의 풍경과는 아주 다르다. 눈을 솜이불처럼 두르고 그 밑으로 여전히 쏴아~ 소리를 지르며 흐르는 강줄기의 모습에서는 정겨운 온기가 느껴진다. 김용택 시인이 '퍼가도 퍼가도 마르지 않을 전라도 실핏줄 같은 물줄기'라고 한 섬진강 물은 추위 속에서도 격하지 않고 가늘게, 그리고 부지런히 흐른다.

강가에 새하얀 눈이 울타리처럼 두툼하게 쳐진 안쪽 강물 위엔 청둥오리들이 겨우살이 터를 차렸다. 섬진강에서 가장 풍치가 좋다는 곡성군 오곡면 침곡리와 고달면 호곡리 사이 호곡나루목. 그 가운데서도 호곡나루 아래 물살이 좀 빠른 대목에 해마다 청둥오리가 떼 지어 날아온다. 바위 사이로 물살이 빠른 그곳에 쏘가리 같은 물고기가 많기 때문이다.

나는 발목까지 눈에 빠지는 이 길목을 지나 오후 늦게 산절로야생다원에 갔다. 눈덮인 겨울 산의 스산함을 만나고자 했다. 눈밭에 산짐승들이 바삐 지나간 발자국이 선연했다. 쥐 고라니 너구리 오소리 살쾡이 들고양이 멧돼지 등 대여섯 종류의 산짐승이 제 세상인 양 산절로야생다원을 누비고 다닌 모양이다.

눈이 무르팍까지 쌓여 있으니 기껏 한 뼘 정도 자란 차나무들은 죄다 눈 속에 숨어버렸다. 눈 속에서 숨은 쉬고 있을까? 눈이 차나무들을 다 얼어 죽게 하지는 않을까? 어릴 적 어른들한테 들은 기억으로는 보리밭에 덮인 눈이 보리 싹에겐 찬바람을 막아주는 이불 역할을 해준다고 했다. 정남향, 산불이 나서 나무가 없던 자리엔 눈이 녹아 땅이 드러나 있었다. 거기에 차나무가 많이 보일 것 같아서 달려갔다.

그러나 웬일인지 차나무가 보이지 않았다. 자세히 보니 차나무들은 그 자리에 있으나 허리가 일제히 잘려나가 반쯤 남은 줄기만 서 있었다. 한 뼘짜리가 반 뼘이 되었으니 땅에 붙어서 보일 듯 말 듯하였다. 세상에 난 지 반년도 채 안 된 어린 차나무들이 아무도 오가는 이 없는 산속에서 참혹한 꼴을 당하다니, 누구 짓인지 도대체 짐작이 되지 않는 일이었다. 차나무들은 마치 자로 잰 듯 길이가 똑같이 잘려져 있었다. 잘린 면은 예리한 면도칼이 쳐낸 것처럼 말쑥하게 잘렸다. 눈이 녹아 차나무들이 드러난 다른 곳도 사정이 마찬가지였다. 앞으로 눈이 다 녹으면 온 산의 차나무들이 크기도 전에 다 허리가 잘려나가 있을 참이라니…. 틀

차나무들은 마치 자로 잰 듯 길이가 똑같이 잘려져 있었다. 잘린 면은
예리한 면도칼이 쳐낸 것처럼 말쑥하게 잘렸다

림없이 산절로야생다원을 시기하는 사람이 다녀간 것이리라. 참, 매정한
세태가 원망스러웠다.

차나무를 싹쓸이해 잘라버린 범인은 누구일까? 십수 년 만에 무르팍
까지 빠지는 눈길 걷기의 낭만에 취해 산절로야생다원에 올라서 양지
녘 차나무가 모두 허리가 잘려나간 참혹상을 보고 돌아온 날 밤, 잠자리
에 들 수가 없었다. 누군가의 모략으로 내가 쏟아부은 열정이 수포가 될
셈이다. 한밤중에 재서 아저씨에게 전화를 걸었다. 그분도 내 말을 듣더
니 혀를 껄껄 찼다. 두 사람의 추리는 '어떤 악질이 그랬을까'에서 점차
'사람의 탈을 쓰고 그렇게 할 수가 있겠는가'로 변했다. 옆에 있던 재서
아주머니가 산에 덫을 놔보라고 권하는 말이 들렸다.

이튿날 눈을 뜨자마자 읍내에 있는 철물점에 덫을 사러 갔다. 주인은 처음에 두리번거리는 눈치더니 "창고에 몇 개 남아 있는지 모르겠다"고 하면서 커다란 쇠 덫 대여섯 개를 꺼내 왔다. 덫 놓는 일은 허가 사항이나 산짐승들로부터 워낙 농작물 피해가 심하면 정상이 참작된다고 조언까지 해주었다. 재서 아주머니가 다른 뾰족한 방법이 없으니 하루만 덫을 놔보자고 했다. 재서 아저씨 댁에서 고구마를 깎아 덫에 미끼를 끼워서 재서 아저씨와 함께 산절로야생다원으로 갔다. 차나무가 가장 많이 나 있는 참나무 숲 아래 몇 곳에 눈을 걷어내고 덫을 놓았다.

겨울 낮은 노루 꼬리만큼이라고 했다. 더구나 곡성 산골에서 동남향인 산절로야생다원은 해가 산등성이를 넘어가면서 길게 산 그림자가 드리워져 금방 저녁이 온다. 오후 4시 반쯤 산에 올랐다. 아직 누가 다녀간 흔적은 보이지 않았다. 그런데 산꼭대기 쪽에 놓은 덫에 노리끼리한 것이 걸려 있는 것 같았다. 어치란 놈이었다. 어치는 까치의 사촌쯤 되는 놈으로 매나 부엉이 다음으로 산에서 제왕 노릇을 한다. 사람 주먹 두 개만 한 어치 한 마리가 미끼 고구마를 찍어먹다가 여지없이 덫에 치여 꽥꽥거리고 있었다. 덫을 풀어주었더니 한참을 비틀비틀하더니 이내 기운을 차리고 날아갔다. 다른 덫들은 멀쩡했다.

이튿날 아침 일찍 다시 산에 올랐다. 눈 위에 난 산짐승들의 발자국이 어제보다 요란했다. 덫이 궁금했다. 그런데 맨 앞에 있던 덫이 보이지 않았다. 작은 말뚝을 박고 줄을 매어 고정시켜두었던 덫이다. 가까이 가보니 주변의 작은 나무들 가지가 심하게 꺾이거나 상했다. 덫을 고정시켰던 말뚝도 덫도 사라지고 없었다. 어떤 큰 놈이 덫에 걸려 말뚝을 중심으로 동심원을 그리며 난리를 부리다가 마침내 덫을 뽑아 달고 도망친 것이 분명했다. 노루 아니면 멧돼지일 것이라는 생각이 들었다. 추위에 얼고 출출한 참에 멧돼지 고기에 막걸리가 생각났다. 30분 동안이나 주변을 샅샅이 뒤졌다. 그러나 도망자는 보이지 않았다.

더 위로 올라가 보았다. 거기에도 사달이 벌어지고 있었다. 산토끼 한 마리가 덫에 걸려 발버둥을 치고 있었다. 그러나 너무 오래되어서인지 몸의 반 이상은 굳어 있었다. 얼른 덫에서 풀어 햇볕이 잘 드는 잡초 더미 위에 눕혔다. 자세히 보니 그놈 주변 눈이 녹은 부위의 차나무가 3분의 1 정도 잘려 있었다. 일단 범인을 산토끼로 추정하기로 했다. 차나무를 뜯어 먹다가 고구마 미끼를 발견하고 덫에 대든 것이리라.

다른 곳의 차나무를 보러 갔다. 섬진강을 바라보는 동남향 참나무 숲 경사면에 있는 차나무들은 반쯤 녹은 눈 사이로 가냘픈 몸매를 드러내고 첫 겨울을 견뎌내고 있었다. 허리까지 덮은 눈을 이불로 삼고 한가히 한겨울의 햇볕을 난로 삼아 겨울을 나는 1년생 차나무들의 모습이 장하게 여겨졌다. 섬진강에서 기어오르는 겨울바람에 하늘거리는 모습은 추위에 움츠리기보다는 환희에 겨워 보였다.

한참 후에 아까 덫에서 풀어 양지에 눕혀놓았던 토끼에게 가보니 토끼는 이미 죽어 있었다. 햇볕이 드는 자리에 묻어주고 내려오니 길가에 다른 토끼 한 마리가 죽어 있었다. 이놈은 배가 빵빵하게 불러 있는 것을 보니 무엇을 너무 많이 먹어 죽은 것 같았다. 그 주변 차나무가 모조리 잘려 있는 것으로 보아 차나무를 너무 많이 먹은 게 아닐까? 그놈은 죽은 자리에 똥을 한 주먹이나 싸두었는데 똥 색깔이 노리끼리했다. 찻

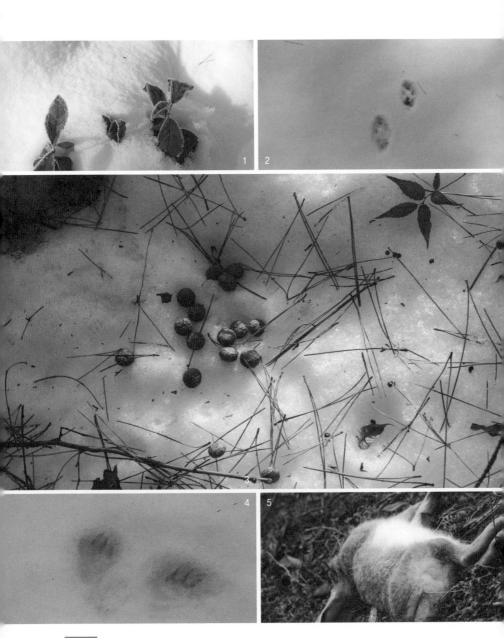

1 눈 덮인 어린 차나무
2 고라니 발자국
3 찻잎 먹고 싼 산토끼 똥
4 오소리 발자국
5 찻잎을 잔뜩 뜯어먹고 죽은 산토끼

잎이 토끼 배속을 지나는 사이 발효엽록소가 산화되어 갈변되는 발효차 제다 원리되어 그런 색깔로 변했을 것이라고 생각됐다.

나는 2003년 남도 야생차밭 탐사 때 순창 어느 산골에서 큰 차나무들 옆에 염소를 매두었으나 염소들이 차나무 곁에 얼씬하지 않는 것을 보았다. 풀을 먹는 일에 있어서 사람보다 훨씬 유식한 염소가 찻잎을 먹지 않는 것은 찻잎이 그들의 식성에 맞지 않기 때문일 것이다. 그때 나는 산에 차를 심어도 산짐승들이 먹지 않을 것이라는 자신을 갖게 되었던 것이다. 그런데 이번 산절로야생다원 차나무 절단 사건의 주범이 토끼임이 분명해지고, 또 배 터지게 찻잎을 뜯어먹은 토끼 한 마리가 죽음에 이르렀다면? 아마 추운 겨울에 먹을 것은 다 떨어지고 산에 눈까지 덮여 허기를 참지 못한 토끼들이 결국 찻잎에 입을 댄 것이라는 결론을 내렸다.

주위를 샅샅이 살펴보니 산딸기나무 줄기도 아래턱까지 모조리 잘려 있었다. 가시가 많아 먹기 성가신 산딸기나무 줄기까지 잘라 먹고 마지막으로 차나무를 잘라 먹었음이 분명했다. 사람들은 사계의 아름다움을 즐기지만 야생동물에게 겨울은 '죽음의 계절'이라는 사실이 실감됐다.

이번 겨울에 토끼들이 키의 반쯤을 잘라 먹어버린 차나무들이 죽지 않고 내년 봄 싹을 낼 수가 있을까? 산절로야생다원의 성패를 가름하는 문제여서 날마다 차나무들의 동강난 허리를 들여다보는 일로 시간을 보내다 이듬해 봄을 맞게 되었다. 오월 하순이 되어 '한창 봄물이 올랐다'는 표현과 함께 자연에 생기가 오를 무렵, 차나무들의 잘린 허리에서 새 순이 돋기 시작했다. 그런데 한 줄기가 아니라 대부분 잘린 자리에서 두 줄기가 돋아나왔다. 토끼들이 '자연 분지'를 해준 셈이다. 차나무들은 갑자기 들이닥친 위기를 이겨내고자 더 힘차게 생명력을 발휘해 여분으로 하나의 줄기를 더 올렸는지 모른다. 토끼의 '살신성인 시행착오' 덕택에 산절로야생다원의 차나무들은 더 왕성한 수세를 자랑하게 되었다. 자연의 섭리이자, 무위이불무위無爲而無不爲다.

# 차나무와 고사리의
## 아름다운 동거

산절로야생다원 차나무 싹이 막 나면서부터 가장 귀찮게 생각되는 존재가 고사리였다. "국내산 고사리!" 하면 요즘 도시 부녀자들 눈이 확 뜨이지만 산속에 거침없이 많이 나는 것 중에 하나가 고사리다. 고사리는 어디에나 나는 것은 아니고 나는 데서만 해마다 많이 돋는다. 그래서 봄철 산절로야생다원 주변에는 광주 등 대도시에서 고사리를 뜯기 위해 배낭을 메고 오는 사람이 많다. 산절로야생다원에도 5월부터 고사리가 우후죽순처럼 나기 시작한다. 고사리는 꺾고 돌아서면 또 나 있을 정도로 금방금방 돋아난다. 비라도 한번 뿌리고 난 뒤면 정말 '우후죽순'이다.

이 무렵 나는 차나무 곁 고사리 뽑아주랴 고사리 따러 몰려드는 사람들 막으랴 눈코 뜰 새 없이 바쁘다. 언제부터 소문이 났는지, 야생찻잎 따러 함평 쪽에 가기 바쁜 5월 초부터 사람들은 고사리 꺾으러 산절로야생다원에 줄지어 들어온다. 길 닦아놓은 사람 따로, 지나가는 사람 따로다. 그렇잖아도 바쁜데 그들을 막아내는 게 또 다른 일거리였다. 사람들은 멀리 읍내에서부터 새벽 첫차를 타고 온다. 곳곳에 걸어둔 '출입금지' 팻말이 오히려 이정표 구실을 하는지도 모른다. 어떤 사람은 차밭에서 쫓겨 나갔다가도 안 보는 사이에 다시 다른 쪽으로 들어온다. 차밭에 사람들이 몰려와 고사리를 꺾는 것은 여린 차나무를 밟아 뭉개버리고 아직 땅속에 있는 씨앗의 발아를 어렵게 한다.

오뉴월엔 산속의 모든 수목이 그렇듯이 야생차밭의 차나무는 무서울 정도로 생장력을 발휘한다. 산절로야생다원 차나무들은 한 해가 지나자 새잎들이 무성한 가지로 자라 이제 땅이 안 보일 정도로 차밭을 이루어가고 있다. 아침에 찻잎 따러 가는 일을 앞두고 새벽에 산에 올라 고사리꾼을 막아내는 일은 힘들지만 나에게 보란 듯이 잘 자라주는 야생차나무들과 만나는 기쁨이 힘을 더해준다.

돌이 지난 야생차나무들은 잎 사이사이마다 새로운 싹을 내밀더니 이제 그 새싹들이 긴 잎줄기를 뺀고 자라나 새 가지로 성장하고 있다. 새 가지가 난 자리에 있던 묵은 잎은 떨어져나간다.

이 무렵 산속 야생차밭의 또 하나의 골칫거리는 차나무의 왕성한 생장력을 시기라도 하듯 쭉쭉 자라나는 산딸기나무, 청미래 넝쿨, 땅싸리나무, 산초나무 들이다. 산딸기나무와 청미래 넝쿨은 차나무 가지 사이로 뻗어드는 가시줄기가 차나무에게 여간 성가신 존재가 아니다. 뽑아내기도 쉽지 않다. 산딸기나무는 줄기를 통째로 잡고 쭉 당기면 도마뱀 꼬리처럼 줄기 밑동 부분 한 뼘 길이 이내의 뿌리만 스스로 절단되어 쏙 뽑힌다. 청미래 넝쿨 역시 줄기에 억센 가시가 있어서 뽑아내기 힘들지만 뿌리가 감자처럼 둥글어서 호미나 괭이로 뿌리째 뽑아내 버리면 다

토종 고사리, 차나무 싹이 날 때 가장 귀찮은 것이
야생차밭의 고사리다. 그런데…

시는 나지 않는다. 산초나무는 뽑아도 뽑아도 끝이 없다. 가을에 잘디 잔
씨앗이 바람에 흩날려 왕성하게 번식하기 때문이다. 한번은 찻잎을 딸
때 산초나무 이파리가 따라 들어왔던지 차를 덖는 도중 솥에서 자극성
강한 산초 냄새가 퍼져 나와 차 한 솥을 모두 버렸다. 산초나무처럼 자
극성 강한 이파리는 야생차의 적이니 보이는 족족 없애야 한다.

육우의《다경》에는 '차나무는 심은 지 3년이 지나면 잎을 딴다'고 적
혀 있다. 그러나 산절로야생다원 차나무들의 자라는 속도와 건강 상태
를 보면 그 말이 사실과 다르거나 중국 풍토에서 나오는 주장이라는 생
각이 든다. 아마 재배차를 두고 한 말인지도 모른다. 나는 올해 5월에도
장성·벌교·송광 일대의 야생차밭에서 찻잎을 따다가 '산절로' 야생차
를 덖었다.

차나무들이 한 뼘 넘게 자라서 이제 한시름 놓았다고 생각될 즈음 낙엽이 지면서 그 무성했던 고사리들도 풀이 죽어 헝클어진 머리카락 같은 줄기를 차나무 위에 기대는 처지가 되었다. 그런데 그때 비로소 고사리가 차나무 살아가는 데 없어서는 안 될 귀한 존재라는 걸 알게 되었다.

고사리와 차나무와의 관계는 돈독하다. 고사리는 직근성인 야생차나무와 달리 땅 표면 가까이에서 옆 뿌리橫根를 뻗는다. 거기에서 순이 올라와 위로 곧게 자라기 때문에 차나무와 뿌리 다툼이나 가지 싸움을 하지 않는다. 무성히 자란 고사리는 한여름 차나무에게 땡볕을 막아주고 겨울에 차나무 옆에 스르르 시들어 차나무를 덮어준다. 봄까지 그러고 있다가 장마 전까지는 마침내 차나무에게 기름진 거름이 되어준다. 사방팔방으로 뻗는 고사리의 땅속뿌리가 차나무 뿌리에 공기를 공급해주는 '숨길' 역할을 하는 것을 감안하면 고사리는 차나무에게 고맙기 그지없는 이웃이다.

# 쓰쓰가무시

가을이 깊어가고 산이 옷을 벗기 시작하면서 잡초에 가려 있던 차나무들이 짙푸른 모습을 드러냈다. 잡초들의 기세에 눌렸는지 각자 땅의 기름기가 다른 곳에 있어서인지 키가 일정하지 않았다. 반 뼘 정도 자란 것에서 한 뼘이 넘게 훌쩍 자라고 옆 가지까지 친 것도 있었다. 역시 참나무 숲 동남향 사면, 오전 햇볕과 그늘을 3 대 7 정도로 받은 곳에 있는 차나무들은 생육이 좋았다. 그곳은 해묵은 낙엽 더미가 자연 퇴비가 되어주고 토양의 배수도 좋았다.

길가에 심은 차나무들은 직근성 뿌리 내림이 덜 된 탓인지 기대만큼 자라주지 않았다. 길가엔 낙엽을 떨궈줄 큰 활엽수도 없다. 갓 태어난 어린 차나무들이 첫 겨울 추위를 무난히 넘기는 게 중요한 일이라고 생각됐다. 지난해처럼 골짜기에 수북이 쌓여 있는 낙엽을 큰 자루에 10개에 담아다 차나무에 덮어주었다.

늘 그날의 일을 마치고 집에 오면 나는 일단 눕고 보자는 식이었다. 눕자마자 깊은 잠에 1시간쯤 빠졌다 일어나면 피곤이 좍 풀리곤 했다.

곡성읍을 둘러싼 산등허리에서 소나무 숲을 훑고 내려오는 공기가 청량제 역할을 해주기 때문일 것이다. 내가 초기에 서울과 곡성을 오갈 때, 곡성역에 내리자마자 만나는 즐거움이 단맛을 띠고 허파 속으로 밀려드는 공기를 한껏 마시는 것이었고, 이튿날 서울로 올라갈 때 꼭 막차를 탔던 것도 곡성의 단 공기를 조금이라도 더 들여 마시기 위한 것이었다. 서울에서는 해마다 감기를 달고 살았는데, 곡성에 살게 된 이후 겨울을 두 번 지내는 사이 한 번도 감기에 걸리지 않은 것은 순전히 맑은 공기 탓이었다. 질 좋은 잠은 사람을 행복하게 하고 수명을 연장해줄 수 있음을 나는 산과 강이 불어 넣어주는 곡성 공기를 마시며 실감했다.

그런데 그날은 잠을 두 시간이나 자고 일어났으나 기분 나쁜 피곤함이 가시지 않았다. 저녁도 거르고 다시 잠자리에 들었다. 밤새 천장이 내려왔다 올라갔다 하는 악몽에 시달리다가 새벽을 맞았다. 몸이 땀범벅이었다. 머리는 계속 욱신거렸다. 거울을 보니 이마와 양 볼에 빨간 여드름 같은 뽀두라지들이 돋아 있었다.

서둘러 마을 어귀로 갔다. 아주머니들과 차 씨 덧심기 하기로 한 날이었다. 봄에 심은 차 씨앗이 발아가 안됐거나 싹이 너무 성기게 난 곳을 찾아 온 산을 점검하며 보완하여 심는 것이었다. 몸이 말을 듣지 않았지만 일꾼들 앞에서 내색을 할 수도 없었다. 점심때가 되자 아주머니들은 얼굴이 수척해 보인다, 밥맛이 없는 것 같으니 이것을 먹어봐라 하면서 준비해온 반찬을 풀어놨다. 섬진강에서 잡은 '올갱이다슬기'를 삶아 국물과 함께 병에 담아온 것이 있었는데 곡성에서는 최고의 별미로 치는 음식이었다. 나는 몸이 불덩이여서 몸살이 났으려니 생각했다. 올갱이 국물에 담긴 아주머니들의 마음씨가 며칠 전 정금의 기억과 함께 어머니 손길처럼 다가왔다. 그때 한 아주머니가 나를 빤히 들여다보더니 "얼굴에 열꽃이 피었다"고 걱정하면서 병원에 가보라고 했다. 나는 풀독이 올랐을 거라고 말했다. 그러나 아주머니는 자신이 작년에 걸렸던 쓰쓰가무시양충병  같다고 했다.

나는 겨우 일을 마치고 곡성병원으로 직행했다. 4층짜리 큰 건물에 내과 외과 치과 소아과 응급실을 갖춰 곡성에서는 유일한 종

◆ 양충병(쓰쓰가무시)은 가을이면 시골에서 창궐한다. 산에서 털진드기, 쥐벼룩 등이 옮기는 전염병으로 노약자는 사망하는 경우도 있다. 보건 당국을 긴장시키는 위급 중증 질환이어서 해마다 초가을에 시골 각 지자체 의료원에서 예방주사 맞기 캠페인을 벌인다.

합병원이다. 그러나 어떤 과는 군의관으로 복무 중인 사람이 밤에 '알바 의사'로 와 있는 것 같았다. 내과 과장은 나를 진찰하더니 감기는 아닌 것 같다고 하면서 링거주사를 맞고 푹 쉬워야 한다고 말했다.

날마다 39도를 오르내리는 체온을 안고 산에 오르내리며, 일이 끝나면 곡성병원 응급실로 직행하여 링거주사를 맞고, 밤에는 다시 오르락내리락하는 천장의 위세에 짓눌리는 악몽을 꾸며 일주일이 갔다. 도저히 밥이 입에 들어가지를 않았다. 차 씨 덧심기 일은 시기를 놓치면 안 되니 날마다 일꾼들과 산에는 가야 했다. 잘못하다간 영양실조로 죽을지도 모른다는 생각이 들었다. 목포 동생 집에 전화를 했다. 유일하게 생각나는 음식이 어머니가 끓여

쓰쓰가무시로 쇠약해진 기력을 살려준 통낙지미역국. 예전에 내 고향 신안 섬들의 해산 조리 음식이었다

주시던 통낙지미역국이었다. 내 고향 신안군 압해도의 산모가 먹는 해산 보양음식이 그것이다. 사방에 뻘밭을 두르고 있는 압해도에서 많이 나는 갯것이 뻘낙지인데, 송아지 낳은 어미 소가 산 낙지 한 마리를 받아먹으면 벌떡 일어난다고 했다.

통낙지미역국을 먹어서인지 곡성병원 링거주사 덕분인지 일주일이 다 지날 무렵 열이 내리고 몸이 조금 가벼워졌다. 오후에 곡성병원에 갔다. 내과 과장이 말했다. "쓰쓰가무시 같습니다. 즉시 입원을 시키도록 되어 있는 병인데, 너무 바쁘신 것 같아서 입원을 안 시켰습니다." 그 병원 의사의 진단은 오진이거나 산 일하는 곡성 아줌마의 진단보다 속도가 느린 것이었다.

# '산절로' 이름 짓기

전남 곡성군 오곡면 침곡리 전인미답의 산속에 야생다원 터를 일구면서 장성과 함평 등지에 야생찻잎을 따러 다니던 어느 날 야생다원 이름과 야생차를 만들었을 때 차 통에 써 넣어야할 이름을 지어야겠다는 생각이 떠올랐다. '도시인들, 문명인들에게 자연과 야생의 아름다움, 생명다움을 전해주겠다. 그리하여 재배차와 재배매실 기사에 항의했던 사람들에게 말하겠다'는 일념으로 야생차밭을 일구러 산속에 들어온 마당에 내가 만드는 야생차의 이름을 짓는 일이 무엇보다도 중요하다고 생각됐다. 제아무리 야생차가 이렇다 저렇다, 무슨 차가 좋다 어떻다 떠들어봐야 덧없이 바쁜 요즘 사람들 마음에 쏙 들어갈 리 만무했다. 내가 일구는 야생다원 이름과 그 차밭에서 난 야생찻잎으로 만든 차의 이름, 그리고 내가 지향하는 야생성에 두루 쓰기에 마땅한 이름이 뭘까? 며칠을 궁리했으나 그럴듯한 이름이 생각나지 않았다.

나는 언제부터인가 책상머리나 잠자리에서 아무리 골똘히 생각해도 생각나지 않던 것이 취재차 시골 가는 기차나 버스에서 불현듯 생각난 경험을 많이 했다. 국내 여행지에서는 물론 해외여행지에서는 어찌나 새롭고 창의적인 생각이 머리에 줄지어 내려와 앉던지…. 나와 비슷한 경험을 한 분이 많을 것이다. 그래서 '마음을 비우라'는 말이 참 좋다는 생각을 했다. '100퍼센트 순수 야생차'를 만들겠다는 집념과 야생차 이름을 짓겠다고 몰두하는 것 자체가 머리를 꽉 채워 다른 생각이 들어올 수 없게 한 것이다.

장자는 '마음을 비우면 캄캄한 밤이 어둠 속에서도 밝아지는 것처럼 새로운 생각의 공간이 열린다虛室生白'고 했다. 또 같은 도가道家의 선배인 노자는 '허虛의 극치에 이르면 고요함靜을 얻을 수 있고 고요한 마음은 거울과 같다'고 했다. 조선 전기의 문신 이목李穆 선생의 문집《이평사집李評事集》에는, 장자의 '허실생백'은 맹자가 말한 호연浩然과 주자가 말한 허령불매虛靈不昧와 같다고 했다. 옛 선현들은 허虛와 정靜으로써 마음 공부를 했던 것이다. 마음을 비우고 고요히 하여 대상을 있는 그대로 받아들이는 것은 불가佛家의 공적멸空寂滅 사상과도 같은 것이다.

나는 야생차를 하겠다는 집념이 괜찮은 일이라고 생각은 했지만 지나친 집념은 자연의 이법에 어긋나는 것임을 야생차 이름 짓기에서 깨닫고 스스로 이름 짓는 일을 포기했다. 대신 며칠 뒤 〈한겨레신문〉에 출근하여 나와 동갑이면서 시인이자 우리 말글 운동가인 최인호 교열부장에게 이름을 지어달라고 부탁했다. 그에게는 긴 말할 필요없이 '100퍼센트 순수 야생차'라는 개

넘과 산에 야생다원을 조성한다는 말만 해주었다.

며칠 뒤 최인호 부장이 가져온 쪽지에는 예비 '야생차 이름'이 몇 개 들어 있었다. 절로차, 산절로, 나절로, 수절로…. 송시열 선생의 시조에서 나오는 이름들이다.

청산도 절로 절로 녹수도 절로 절로
산 절로 수 절로 산수 간에 나도 절로
그중에 절로 자란 몸이 늙기도 절로 절로

송시열 선생은 '조선의 주자' 되기를 염원했던 성리학자다. 그러한 그분도 생활 속에서는 유가 학통을 이어가면서도 내면의 정서는 어쩔 수 없이 '인간 정신의 자유 추구'라는 인류 보편의 도가적 풍모를 지니고 있었던 모양이다. 이 시는 철저하게 자연주의 경향을 보여준다. '청산 녹수'는 아름다운 자연의 모습이다. 산도 자연 그대로 있고 물도 자연 그대로 흐른다. 이 속에서 나도 자연을 닮아 자연처럼 자라고 그 자연처럼 늙겠다는, 자연의 순리에 따라 사는 삶의 지극히 선하고 아름다운 모습을 그리고 있다. 중국 당唐나라 때 선종禪宗의 청원유신靑原維信 선사가 말한 "산은 산이요, 물은 물이다"이는 성철 스님이 처음 하신 말씀은 아니다도 같은 뜻의 선어禪語다.

최 부장이 적어 온 이름 모두가 맘에 들었지만 그중에서도 단연 '산절로'라는 이름이 확 들어왔다. 그 앞에 '산절로'를 풀어주면서 야생차를 강조하는 '산에서 절로 난 100퍼센트 순 야생차'라는 말을 덧붙이기로 했다. 이렇게 하여 '산에서 절로 난 100퍼센트 순 야생차, 산절로'라는 이름이 생기게 되었다. '산절로'는 특허청에 상표 등록하여 야생다원과 홈페이지의 이름 등에 두루 쓰고 있다.

# 수제
# 야생차
# 제다

녹차 제다의 시작은 좋은 찻잎 구별
찻잎 따기에서 솥 데우기까지
찻잎 덖기
제다의 도
반발효차 제다

# 녹차 제다의 시작은
## 🌿 좋은 찻잎 구별

 나는 전남 곡성 섬진강가에 산절로야생다원을 조성하여 산의 맑은 공기 속에서 여러 해 제다製茶를 해온 경험으로 여기에 전통 '야생차 제다론'을 제시하며, 한국 차 부활을 위해 활발한 토론이 있기를 제안한다. 여기서 말하는 제다는 순수 야생찻잎을 쓴 전통 가마솥 손 덖음 제다다. 제다에 있어서 야생차와 재배차의 제다 방법상의 차이는 야생찻잎과 재배찻잎의 생태 및 질의 차이만큼이나 크다고 할 수 있다.

제다에 들어가기 전에 야생차 제다의 핵심 주제를 명확히 할 필요가 있다. 차에 있어서 아름다움의 극치인 생 찻잎의 환상적인 향을 어떻게 완제完製된 찻잎에 담아내느냐 하는 것이다. 이 일은 솥을 얼마나 중후한 열로 적당히 잘 데우느냐와 얼마나 자유자재한 손놀림과 촉감으로 찻잎 모두에 고루 불김을 쐬느냐, 즉 찻잎을 얼마나 적절히 잘 익히느냐의 문제다. 향은 열에 약한 휘발성이므로 찻잎이 솥에 여러 번 들락거릴수록, 솥이 뜨거울수록 멀리 날아가버린다는 사실과, 향을 혼란시키는 풋내가 나지 않도록 찻잎을 속속들이 고른 열로 잘 익혀야 한다는, 상충적인 두 사실을 어떻게 동시에 풀어내느냐가 관건이다. 그에 대한 답은 찻잎이 솥 안에 여러 번 들어갈 필요없이 첫 솥에서 잘 농숙된 깊은 열이 찻잎 속까지 파고 들어가도록 하여 일거에 쌈박하게 익혀내는 것이다. 초의 선사가 《동다송》에서 '조다造茶'에 관해 "솥이 뜨거워지기를 기다려 차를 넣고 급히 덖는 데 불을 늦출 수 없다"라고 한 것이나 "차를 만드는 데 있어서 그 정미함을 다해야 한다"고 한 것은 모두 제다에서 불솥의 적절한 온도 다루기를 강조한 것이다.

좋은 차를 만드는 첫걸음은 좋은 찻잎야생차을 얻는 것이다. 아무리 솥과 손놀림 감각이 좋아도 찻잎이 시원찮으면 좋은 차가 되기에 한계가 있다. 떡을 빚는 솜씨가 좋더라도 쭉정이 쌀로 지은 떡은 깊은 맛이나 구수한 풍미에 있어서 한계를 떨칠 수 없는 것과 같다. 음식뿐만 아니라 세상만사가 그렇다. 재배찻잎으로 만든 차는 아무리 잘 만든 차일지라도 상큼한 맛이 야생차에 비교하기 어렵고, 생 찻잎이 풍기는 매혹적인 화한 향은 제다 과정에서 솥 안에 몇 번 들락거리는 도중에 일찍이 벗어버린다. 그런 차는 한두 번 우리면 맹물에 가까워진다. 잎에 영양이 부족하고 함량이 깊지 못하기 때문이다. 또 재배찻잎으로 한꺼번에 많은 양을 만들어 속까지 잘 익히지 못한 차는 장마철이 지나면 묵은 냄새가 나고 탕색도 흐리멍덩해진다. 제다의 탓보다도 원료가 근본 원인이라고 할 수 있다. 그래서 모든 제다인의 꿈은 순수 야생찻잎으로 차를 만들어보고 싶은 것이리라. 그러나 모든 차를 야생찻잎으로 만들 수는 없으므로 야생차 제다를 지향하는 심정으로 재배찻잎의 대중차를 만들

잎을 따는 시기, 시간, 날씨 등을 따지는 것은 찻잎의 타닌 함량과 관계가 있다

면 좋겠다.

그럼, 어떤 야생찻잎이 좋은 찻잎인가? 초의 선사의《동다송》이나 김
명희의《다법수칙》등 여러 다서에서 찻잎을 따는 시기와 시간을 언급
하고 있다. 이를 간추리면, 시기는 입하 이후, 채엽의 날과 시간으로 보
면 밤새 구름 한 점 없이 맑은 날 동트기 전 이슬 머금은 찻잎이 가장 좋
고, 그다음은 해가 났을 때 딴 것, 비 올 때는 따면 안 된다고《동다송》에
적었다. 이런 말은 다 제다하기에 좋은 찻잎, 즉 정상적인 제다로 극치
의 향기를 발산하는 차가 될 수 있는 찻잎의 상태를 전제로 한 것이다.
'구름 한 점 없이 맑은 날 동트기 전'을 강조한 것은 강한 햇볕에 찻잎에서 향이 발산되는 것을 염려한 것으로 보인다. 프랑스에서 좋은 향을 만드는 장미꽃을 이른 아침이나 오전 시간에만 따는 이치와 같다. 또 비가 올 때 찻잎을 따면 찻잎에서 아무런 향이 나지 않는다는 것을 제다인은 다 안다. 꽃이나 찻잎이 비가 올 때는 천적이나 벌 나비의 활동이 드물어 향을 낼 필요가 없음을 알기 때문일 것이다. 찬 기운이 찻잎에 닿으면 향이 안으로 수렴돼 들어가버린다.

찻잎의 모양과 빛깔에 관하여 《다법수칙》에는, 너무 가는 잎은 맛이 충분히 배지 않았고, 푸른 것은 너무 쇠었으니 따지 말라고 했다. 잎 색깔은 연녹색을 띠고, 잎 모양은 둥글고 도톰한 것이 상품上品이라고 했다. 또 참새 혓바닥이나 곡식의 낟알처럼 이제 막 움터 나와 잎이 채 펴지도 않은 첫 싹인 작설이 최상품, 그다음 일창일기一槍一旗, 일창이기 순으로 좋다고 했다. '최상의 찻잎'에 대하여 육우는 《다경》에서 "북방의 타타르 유목민이 신는 가죽신처럼 주름이 있고, 힘센 황소의 처진 목살과 같이 곱슬곱슬하고, 골짜기에서 피어오르는 이내처럼 펼쳐져 있고, 산들바람에 흔들거리는 호수처럼 어슴푸레하게 빛나고, 방금 비를 맞은 기름진 땅처럼 부드럽게 젖은 것"이라고 했다.

선인들의 그런 가르침을 전제로 내가 체득한 '좋은 찻잎'의 모습을 생각해본다. 좋은 찻잎은 잎 표면의 색깔, 잎의 두께, 잎 가장자리의 모양, 막 딴 찻잎에서 풍기는 향과 이후의 향의 변화 추이 등으로 살필 수 있다. 잎 표면의 색깔은 맑은 초록에 윤기가 나는 것, 두께는 잎 전체가 고르게 두툼하여 잎의 골이 뚜렷이 들어가 보이는 것, 잎 가장자리는 전체적으로 균형 있는 타원형에 종에 따라 톱니바퀴 무늬가 뚜렷한 것이 좋다. 이는 찻잎의 건강성을 말하는 것으로 토질과 입지가 좋아 입 전체가 충분한 영양과 기운, 햇볕을 받아 고루 풍성하게 잘 발육한 것을 말한다. 잎에 따라서는 두께가 습자지처럼 얇은 것, 전체적인 모습이 비뚤어진 타원형인 것, 잎 표면에 윤기가 없고 색깔이 누리끼리한 것 들이다. 이것은 좋은 찻잎이 아니다.

선인들이 잎을 따는 시기, 시간, 날씨 등을 말하는 것은 찻잎의 수분 함량, 햇볕 쬐임 시간에 따른 탄닌 함량을 따지는 것으로 보인다. 흐리거나 비오는 날 딴 찻잎은 수분 함량이 많아서 뜨거운 솥에 덖을 때 쉬 물러지거나 데쳐지는 현상을 가져온다. 이른 새벽에 따고 햇볕이 나면 따지 말라는 것은 탄닌 함량이 많으면 쓴맛이 강하기 때문이다. 다만《다경》에 '자색 찻잎'이 좋은 찻잎으로 제시돼 있는데, 내 경험으로는 한국 야생차에 그런 찻잎이 많이 나지도 않거니와 햇볕을 많이 받아 타닌 함량이 많아지면 자색이 된다는 설도 있다. 실제로 땡볕이 내리쬐는 곳에 있는 차나무 잎은 햇볕에 부대끼는 징조가 확연한데 그런 차나무 잎은 나자마자 자색을 띤 것이 많다. 또 햇볕이 강해진 6월 이후에 노지에서 난 찻잎 가운데 자색이 많다.

위에 말한 좋은 찻잎이 나는 장소는 동남향 20도 안팎 경사도의 배수가 잘되는 토질에, 떡갈나무나 참나무 등 잎이 넓은 나무가 적당히 들어찬 숲이다. 이런 곳은 금방 떠오르는 해가 발산하는 싱그러운 아침 햇살의 기운이 와 닿고, 강한 햇볕은 넓은 이파리들이 적당히 가려주어 탄닌이 넘치는 것을 막아주고 잎을 부드럽게 해주며, 가을에 이파리들이 떨어져 일조량을 늘리고 겨울에는 이불 역할을 한 뒤 이듬해 봄에 거름이 되어 습기 보호, 영양분 공급 역할을 해준다.

위에 말한 '막 딴 찻잎에서 풍기는 향과 이후 향의 변화 추이'를 생각해보자. 나뭇가지나 이파리는 꺾거나 따면 강한 냄새를 내뿜는 것으로 방어·보호 기제를 발동한다. 건강한 찻잎 역시 따자마자 강한 향기를 허공에 내지르는데, 이 향기는 다양한 꽃 향과 과일 향 성분이 섞인 것으로서 이 세상 최고의 환상적인 향기다. 몽롱한 정신도 금방 청량하고 황홀해질 정도로 신선하면서 기분이 좋고, 솔 향처럼 약간 자극적인 속성이 있으나 전혀 느끼하지 않아서, 자연의 향의 진수가 다 모였으되 편벽되거나 치우치거나 어그러진 바가 없으니 중화中和요 중용中庸의 향이라 할 수 있다. 이 향이 잎을 따놓은 지 한 나절이 가도록 변하지 않고 유지되면 좋은 찻잎이라 할 수 있다.

향과 관련하여 제다에서 중요한 관건은 생 찻잎이 풍기는 좋은 향을 제다 과정에서 얼마나 망실하지 않고 완제된 찻잎에 담아내느냐다. 달리 말하면 '좋은 차'는 이 생 찻잎 본유의 향을 최대한 많이 안고 있는 차인데, 제다의 솜씨도 중요하지만 원래 이 좋은 향을 건강한 몸체에 많이 품고 잘 붙잡고 있는 찻잎의 질이 중요하다는 얘기가 된다.

# 찻잎 따기에서
# 솥 데우기까지

## 찻잎 따기

찻잎을 따는 시기와 방법이 차의 질을 가름한다.《동다송》에 찻잎 따는 시기는 입하 전후, 밤새 맑고 이슬이 많이 내린 날이 좋다고 한다. 이런 날은 정기가 맑기 때문에 활활한 기운이 충만한 찻잎을 얻을 수 있어 명차를 만들 수 있다고 했다.

찻잎 따는 방법으로는, 중국의 고사에는 좋은 차를 만들 목적을 띤 찻잎은 18세 이하의 어린 여성들에게 따도록 했다고 한다. 찻잎을 끊을 때 가하는 충격을 부드럽게 하자는 것이겠고, 여린 여성의 기운으로 갓 세상에 나온 찻잎이 가지에서 떼어지는 급격한 환경 변화에 무리 없이 잘 적응하도록 한 배려라고 생각된다. 즉 찻잎을 딸 때는 되도록이면 찻잎에 충격을 가하지 않는 게 좋다. 찻잎에 상처가 나면 그 자리에 있는 산화효소가 산소와 만나 금방 색깔이 갈변해버린다. 찻잎을 가지에서 떼어내는 것 자체가 찻잎에 상처를 주는 일이어서 그 자리에 갈변이 생기는 사태를 가능하면 막아보자는 목적에서 부드러운 손놀림으로 찻잎을 따는 일이 필요하다.

찻잎을 따는 도중에 먼저 딴 찻잎을 잘 관리하는 일도 중요하다. 대바구니를 지거나 앞에 달고 다니면서 찻잎을 따 담는 게 좋다. 대바구니는 바람이 잘 통하고 모서리에 각이 져 있어서 그 안에 담긴 찻잎을 외부의 충격으로부터 잘 보호해준다.

## 찻잎 진정 · 적응시키기

혹자는 딴 찻잎을 가능한 한 빨리 솥에 넣어 덖는 게 산화효소에 의한 갈변을 막아 신선한 녹차를 만드는 첩경이라고 말한다. 나는 여기에 동의하지 않는다. 이 우주와 세상만사에는 합당한 원리인 자연의 이법理法이 있다. 역易에 세상만사는 변한다고 되어 있고 불가에서도 제법무상諸法無常이라고 하였지만, 그것은 타당한 이유와 과정을 거치는 '자연스런 변화'다.

살아 있는 생물이자 이른 봄 연약하고 예민한 몸으로 세상에 나오자마자 뜯겨지는 스트레스를 받은 찻잎으로서는 새 환경에 적응하는 데 최소한의 시간이 필요할 것이다. 사람들은 따온 찻잎에서 쉰 잎과 티를 골라내고 찻잎을 고르는 시간이 여기에 해당한다고 생각할지 모르나, 그것은 잡티를 고르는 일이지 어리둥절하여 고도의 긴장 속에 있는 찻잎을 위무하는 일은 아니다.

따온 찻잎을 진정 · 적응시키는 일은 찻잎을 바깥에 조심스럽게 펼쳐 놓고 따스한 햇볕을 적당히 쬐도록 하는 게 좋다. 그렇게 하면 찻잎 겉에 있는 물기도 마르고 간혹 습기를 지나치게 많이 품고 있는 찻잎이 습

차 진정시키기. 따온 찻잎을 진정·적응시키는 일은 찻잎을 바깥에
조심스럽게 펼쳐놓고 따스한 햇볕을 적당히 쬐도록 한다

기를 방출하여 체중을 조절하는 효과도 낳는다. 이 과정에서 모든 찻잎
에 고루 햇볕이 쬐이도록 몇 차례 뒤집어준다. 그러는 사이 찻잎들은 자
체 내부 조절 기능을 통해 기세가 약간 수그러들면서 향도 감미로워진
다. 그러나 자칫 시간이 지나치면 찻잎 향기가 갑자기 무 냄새 기운을
띤 단계로 접어든다. 그러기 전에 솥에 넣어야 한다. 어떤 이는 여기까지
의 일을 중국의 반발효차 제다 용어를 빌려와 '위조'라고 부르기도 한다.

## 솥 데우기

요즘은 대부분 무쇠솥에 땔감으로 엘피가스를 쓴다. 무쇠솥은 적절한
시간에 걸쳐 솥 몸체 전체에 고루 깊은 열을 품기에 좋다. 스텐리스 솥

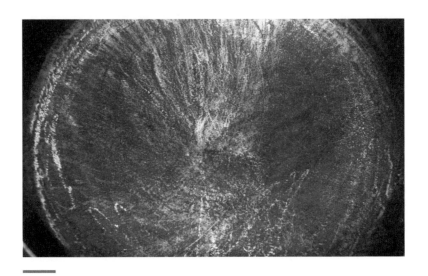

솥데우기. 부드러운 단계를 거쳐 순숙에 이른 차탕처럼
사전에 잘 익혀두어야 한다

을 쓰는 사람도 있는데, 스텐리스 솥의 장점은 매끈한 솥 표면이 차를
덖을 때 찻잎에서 튀어나오는 진이 눌어붙는 것을 막아주는 것이다. 그
러나 무쇠솥만큼 열을 깊숙하고 고르게 잘 품어주는지는 의문이다. 무
쇠솥의 두께는 5밀리미터 정도가 일반적이다. 두꺼울수록 깊은 열을 품
어주어 좋기는 하나 땔감이 많이 든다는 게 단점이다.

　앞에서 말한 솥의 재질, 두께, 열의 깊고 낮음 등은 열로써 하는 덖음
차 제다에 있어서 열 기운의 질이 차의 질에 직결된다는 점에서 매우 중
요하다. 같은 맥락에서 가스 불과 장작불의 차이 및 그것을 어떻게 다루
느냐도 중요하다. 결론부터 말하면 열은 깊어야 한다. '열이 깊다'는 말
에는 '겉 열'과 '속 열'이 전제되어 있다. 겉 열은 솥의 겉 표면에 머물러

겉만 뜨겁게 하는 열이고, 속 열은 솥 피부 속 깊숙이 파고 들어가 솥 안팎과 속을 고루 뜨겁게 하는 열이다.

《다신전》'화후火候' 편에 문무화文武火가 언급되어 있다. 찻물을 끓일 때 열 조절을 두고 한 말이지만 그 이치가 차 덖는 솥을 데울 때의 열 조절과 일맥상통한다고 생각한다. 문화는 서서히 타오르는 부드러운 열, 무화는 급격히 타오르는 세찬 열기다. 두 가지 열을 잘 조절하여 문무지후文武之候가 중화중정中和中正을 얻는 게 중요하다고 했다. 그렇게 하여 물 끓는 소리가 북을 치듯 버글버글 끓어 수기水氣가 전소全消된 것이 순숙純熟, 잘 익은한 물이라고 했다. 육우도《다경》다섯째 장 '차 달이는 방법'에서 물을 끓이는 데에 세 단계가 있다고 하여 물 끓임의 세세함을 강조했다. 물고기의 눈과 같은 작은 거품이 물 표면에 솟아나면 첫째 끓음, 거품이 샘에서 또르르 구르는 수정 구슬처럼 될 때가 둘째 끓음, 끓는 물이 탕관 속에서 거칠게 용솟음칠 때가 셋째 끓음이다. 처음부터 막무가내 너무 센 불로 달구지 말고 일정한 단계를 밟아 자연스럽게 열기를 높여가라는 뜻이다.

차 덖을 때 솥도 이처럼 부드러운 단계를 거쳐 순숙純熟에 이른 차탕처럼 사전에 잘 익혀두어야 한다. 즉 차 덖는 솥 데우기에 있어서도 문무화의 개념으로 접근할 필요가 있다. 장작불은 불을 막 지폈을 때부터 솥을 데우기 시작하여 이후 서서히 옆 장작으로 번지면서 불길이 세어지는 추세를 생각하면 문화에서 무화로 진전되어가는 과정으로 생각된다. 그러나 가스 불의 경우, 대개는 조급한 성질에 차 덖는 시간을 솥 데우는 일에서 아끼기 위하여 처음부터 원하는 만큼의 세기로 불기를 높이고 들어간다. 그럴 경우 그것은 무화에 해당한다. 찻잎이 겉은 타고 속은 설익기 십상이다.

'깊은 열'의 질을 온천의 경우에 비유하여보자. 일본의 온천에 가서 섭씨 39도의 탕에 몸을 맡기면 금방 온몸 깊숙이 안온한 열기가 스며들면서 몸이 편안해진다. 그러나 같은 섭씨 39도의 물일지라도 한국의 '온천'이라고 간판 붙은 욕탕에 들어가면 살갗이 먼저 뜨거워져서 "앗 뜨거!" 소리가 금방 나온다. 물은 윗쪽이 뜨겁고 아래쪽은 차다. 그러나 일본 온천 화산 지대 일본의 땅속에서 장구한 세월 마그마의 열에 의해 농숙된 물의 열기와 질감이 지상에 퍼 올린 것이라서, 위 아래가 고르게 따뜻하여 불을 때서 금방 데워진 한국 온천물 온도의 질감과 다르다.

좋은 차를 덖어내는 솥의 열기는 깊이가 깊어야 하고, 깊은 열을 내려면 시간이 걸리더라도 솥의 속살까지 깊이 파고들어가 데워주는 장작불의 문화가 적격이다. 그런데 가스 열도 장점이 있다. 초의 선사가《동다송》'조다' 항에서 "불을 도중에 늦추어서는 안 된다"고 말했다. 가스 불이 한번 세기를 고정해놓으면 열기의 항성恒性을 유지해주기 때문에 초의 선사의 이 노파심을 덜어준다. 단, 가스 불로 초기 솥을 데우는 과정에서 문화를 유지하려면 불기운을 수시로 가늠하면서 점차적으로 조절해야 한다는 번거로움이 있다.

# 찻잎 덖기

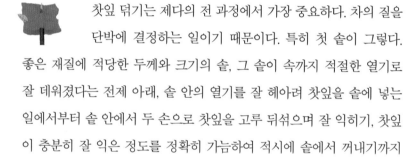 찻잎 덖기는 제다의 전 과정에서 가장 중요하다. 차의 질을 단박에 결정하는 일이기 때문이다. 특히 첫 솥이 그렇다. 좋은 재질에 적당한 두께와 크기의 솥, 그 솥이 속까지 적절한 열기로 잘 데워졌다는 전제 아래, 솥 안의 열기를 잘 헤아려 찻잎을 솥에 넣는 일에서부터 솥 안에서 두 손으로 찻잎을 고루 뒤섞으며 잘 익히기, 찻잎이 충분히 잘 익은 정도를 정확히 가늠하여 적시에 솥에서 꺼내기까지가 찻잎 덖기에 해당한다.

더러 덖기와 볶기를 혼동하는 사람들이 있다. 덖기는 물기를 품고 있는 이파리나 채소를 뜨거운 마른 솥에 넣어 뒤섞으며 익히는 것이고, 볶기는 물기가 전혀 없는 마른 콩이나 깨 또는 열매를 뜨거운 마른 솥에 넣어 뒤저어가며 익히는 것이다. 덖기나 볶기는 다른 열 매개체 없이 대상 물건 자체가 솥에서 직접 얻는 열로 익혀지므로 각 개체가 솥바닥에서 열을 고루 얻도록 잘 뒤섞고 저어주는 일이 중요하다. 덖음차 제다에 있어서 모든 찻잎이 고루 '솥바닥 맛'을 충분히 보아야 한다는 것이다.

일본 녹차도 처음엔 중국 부초차釜炒茶, 솥덖음차 제다 방식을 본받아 덖기를 하였으나 모든 찻잎에 골고루 열이 가도록 하는 게 어려워 찻잎을 수증기로 쪄서 익히는 증제蒸製 방식을 취하게 되었다. 요즘 말썽이 되고 있는 덖음차의 '구증구포九蒸九暴' 문제도 첫 솥에서 모든 찻잎에 '솥바닥 맛'을 제대로 들이지 못한 부분을 무리하게 보완하고자 해서 생긴 문제이기도 한다.

여기서 솥에 체득되어야 할 '속 깊은 열'이 왜 중요한지를 말해보자. 세상만사에는 이치가 있다. 모든 이치는 자연법칙에서 나온다. 자연의 타당한 이치에서 논리가 나온다. 밥을 짓는 일이나 차를 만드는 일은 자연물을 자연의 이치에 따라 다루고 변화시키는 일이다. 그래서 엄정한 자연의 논리가 필요하다. 초보인 새색시가 짓는 밥은 설익거나 타기 일쑤다. 열기가 쌀알 속 깊이 들어가지 못하여 겉만 익거나 타고 속은 익지 않았다는 것이다. 그 원인은 급열 급랭하여 불 조절이 어려운 양은 솥이거나, 좋은 무쇠솥이더라도 새색시가 불 조절을 잘못하여 솥이 '깊은 열'을 얻지 못했기 때문이다. 그러나 그 색시가 중년이 되면 밥하는 일이 몸에 익어 눈 감고도 뜸이 잘 든 밥을 짓는다. 이를 두고 밥하는 일에 도가 통했다고 한다. 도가 통했다得道는 말은 자연의 섭리를 몸에 체득했다는 뜻이다. 찻잎 덖기에도 이런 득도의 경지가 필요하다.

### 찻잎을 솥 안에 넣는 순간의 타이밍

얼마만한 어떤 열기가 느껴지는 어느 순간에 찻잎을 솥 안에 넣을 것인가? 혹자는 레이저 온도기로 솥 안의 온도를 재어서 섭씨 300~350도에서 첫 솥 덖기를 시작하라고 권한다. 또는 물을 떨어뜨려 솥 바닥에서 물방울이 되어 튕겨 오르면 찻잎을 넣으라고도 한다. 모두 부질없는 주장이다. 제다실의 바깥 공기와 햇볕의 세기, 그날의 날씨 및 환기를 결정 짓는 바깥바람의 속도와 방향, 찻잎의 수분 함량과 컨디션… 이런 무수하고 다양한 요건으로 이뤄지는 제다 환경에서 헌법에 못박아놓은 듯한 '300~350도'설은 근거가 없는 것이다. 근래에는 이 '고온'설이 유포돼 제다의 트렌드가 돼가는 조짐이 있다. 이렇게 뜨거운 열 솥에 찻잎을 넣으면 '배춧국 냄새 나는 차'가 되거나 덖는 순간 솥에서 '고춧잎 데친 냄새'가 올라온다. 또는 '겉은 타고 속은 안 익어 풋내 나는 차'가 되기도 한다. 혹자는 차의 찬 기운을 없애기 위해 아주 뜨거운 솥에서 덖어야 한다는 신조를 가지고 있는데, 한방에서 '음양오행론'으로 말하는 차의 음성이라는 것은 그런 물리적인 냉기가 아니어서 찻잎에 뜨거운 열이 닿는다고 차가 양성이 되는 게 아니다.

기계 제다가 아닌, 사람의 육감과 자연의 섭리에 의존하는 야생차의 수제 솥 덖음 제다에 있어서 솥 온도 측정 방법은 안면 체감顏面體感, 얼굴 온도계이 좋다. 제다실이 처한 당시의 환경에서, 솥 안에 얼굴을 갖다 대면 좀 뜨겁기는 하지만 거부감이 들지 않게 합일의 느낌으로 다가오는 열기가 있다. 손바닥을 솥 바닥에 대면 뜨거울 정도이지 바로 데일 정도의 온도는 아니다. 이때 찻잎을 솥에 넣는다. 말글로 설명하기 어렵고 각자가 그때그때 처한 환경에 맞게 체득해야 할 일이다. 하다 보면 팔순할머니가 늘 뜸이 잘 든 밥을 짓듯, 노련한 운전수가 딴 생각을 하면서도 자유자재로 운전을 하듯 저절로 몸에 익게 된다.

"채다는 그 묘를 다해야 하고, 조다는 그 정성을 다해야 하고, 물은 진수를 얻어야 하고,
포법은 중정을 얻어야 하는 것이니, 체와 신이 서로 고르고,
건과 영이 서로 함께 하는 것을 일컬어 다도에 이르렀다 할 것이다."
― 초의 선사의《동다송》에서

## 한 번에 넣는 찻잎의 양, 솥 안에서의 손놀림, 찻잎 꺼내는 때

한 솥에 넣는 찻잎의 양은 찻잎이 고루 솥의 열기를 받을 수 있고, 뜨거운 솥 안의 여건에서 차를 덖는 이의 체력이 감당할 수 있는 정도여야 한다. 양이 너무 많으면 힘이 부쳐 고루 뒤섞지를 못해 부분적으로 타거나 설익게 된다. 또 층층이 겹친 찻잎이 뒤엉켜 내는 자체 열과 수증기에 의에 찐 차가 되거나 데친 차가 되기 쉽다. 그렇게 해서는 덖음차 고유의 향과 맛이 나지 않는다. 찻잎의 양을 무게로 쳐서 1.5킬로그램 안팎이 적당하고 많아도 2킬로그램을 넘지 않아야 한다. 김명희의 《다법수칙》에는 솥 하나 안에는 4냥37.5그램×4=약 150그램을 넣으라 했고, 초의선사의 《다신전》에는 두 자尺 네 치寸 쯤 되는 솥지름 약 70센티미터의 솥에 차 한 근 반900그램을 넣으라고 했다.

찻잎을 솥 안에 넣은 뒤 찻잎 전체가 열기에 데워져 향긋하고 허브 향이 나는 난향이 올라올 즈음 뜨거운 솥바닥에 닿아 찻잎 겉의 미세한 기포가 터지는, 따닥따닥 소리가 나기 시작한다. 이때 조금씩 속도를 더해 찻잎을 골고루 뒤섞어줘야 한다. 뜨거운 솥 안에 손을 넣는다는 것도 예삿일이 아닌데 그 안에서 5분 안팎 양 손과 두 팔을 쉴 새 없이 요동시켜야 하는 일은 초보자에겐 여간 어려운 게 아니다. 최소한 4, 5년 정도 적응 훈련을 겪어야 한다. 그러나 무슨 일이든지 10년은 넘어야 일가를 이루는 법. 밥 잘 짓는 팔순 할머니나 노련한 운전수의 지경이 되면 제다인은 솥 안의 손 팔 부림도 득도의 경지에 이른다.

차를 일부러 잘 만들겠다는 마음을 먹지 말고 솥의 온도와 찻잎의 상태 등 당면한 제다의 환경을 몸으로 체득하여 자기도 모르게 거기에 맞는 손놀림 대응을 해야 한다. 이때 솥 안의 열기는 마땅히 '깊은 열'이어야 한다.

찻잎을 꺼내는 때도 순간적인 타이밍을 잡는 것이어서 중요하다. 조금이라도 빨리 꺼내거나 늦게 꺼내면 덜 익어 풋내가 나거나 너무 익어 탄내 또는 데쳐진 냄새가 나게 된다. 꺼내는 순간도 체감으로 판단해야 한다. 이때는 눈으로 찻잎 상태를 보고, 동시에 솥 안에서 익어가는 찻잎이 내뿜는 향을 잘 가늠해야 한다. 찻잎이 겉이 약간 거무스름해지고 구운 오징어 다리처럼 꼬부라지면서 향이 화하게 발산하여 퍼져오르는 때가 찻잎을 꺼내야 하는 순간이다. 찻잎 겉이 굳어져서 솥 바닥과 부딪치는 소리가 나기 시작하면 좀 늦은 것이다.

덖기에서 중요한 것은 첫 솥에서 찻잎을 속속들이 잘 익혀야 한다는 것이다. 초의 선사는 첫 솥에서 하는 일은 찻잎을 익히는 일, 둘째 솥에서는 하는 일은 찻잎을 말리는 것으로 규정하고 있다. 첫 솥에서 도중에 불을 늦추지 말라는 것도 찻잎을 충분히 잘 익히라는 주문이다. 사람들이 이 대목을 건성으로 보고 그저 솥 안에 여러 번 들어갈수록 좋은 차가 되는 줄로 착각하고 있다.

강한 열은 대상을 파괴하는 속성이 있다. 영양소 중에는 고열에 약한 것도 있다. 차향은 물론이거니와 찻잎 속의 영양소가 고열로 인해 파괴되고 감소되는 일은 있어도 고열이 새로운 영양소를 찻잎에 더해줄 리는 없다. 추사 김정희 선생은 일찍이 중국 명나라에 견학에서 익힌 차 체험으로 자신의 호를 승설도인勝雪道人이라고 했을 만큼 차에 대해 조예가 깊었다고 한다. 그가 1838년 초의에게 보낸 편지에 제다의 화기에 주의하라는 언급이 나온다. "매번 차를 덖을 때마다 화기가 조금 지나쳐서 (차의) 정기가 조금 침체된 듯하네. 차를 만들 때는 불을 조심하게나…." 요즘의 한국 차는 제다에 있어서 불로 망한다고 해도 과언이 아니다. 불을 잘 다루지 못해 '깊은 열'로써 속속들이 익히지 못해서 문제이고, 구증구포 신봉자들은 찻잎을 뜨거운 솥에 너무 자주 넣어서 귀중한 차향을 날려버리는 바보짓을 서슴지 않아서 문제다. 차 익히기와 관련하여 김명희의《다법수칙》에 눈길을 끄는 대목이 있다.

> (솥 안에 4냥의 찻잎을 넣고) 먼저 문화, 즉 약한 불로 덖어 부드럽게 하고, 다시 무화, 곧 센 불을 더해 재촉한다. 손가락에는 대나무 깍지를 끼고서 서둘러 움켜서 섞는다. 반쯤 익히는 것을 법도로 삼는다. 은은히 향기 나기를 기다리니, 이것이 바로 그때다.

이는 중국에서 대충 설렁설렁 덖는 덖음 차 제다법을 말한 것이다. 중국에서는 나쁜 물 사정상 차를 종일 병에 넣고 다니면 수시로 물을 부어 우려먹어야 하므로 바짝 덖어서 단번에 우러나오는 것을 피한다. 그렇기에 푹 익히지 않고 반만 익힌 찻잎에서 은은한 향기가 코끝에 끼쳐오는 순간에 꺼내라는 대목은 '상큼한 차향'을 보존해내기 위한 한 비법이 아닐까 생각된다.

첫 솥에서 덜 익은 차는 그 둘째 솥에서 절대 더 익히기 어렵다. 첫 솥에서 찻잎 겉에 생긴 딱딱한 막이 밖의 열기를 찻잎 안으로 잘 들여보내지 않기 때문이다. 딱딱한 찻잎을 비비는 것은 겉 피부를 부드럽게 풀어서 찻잎 안에 남아 있는 습기가 둘째 솥에서 바깥으로 빠져나오도록 하기 위한 일이다. 두 번째 솥부터는 찻잎 익히기가 아니라 말리기를 할 뿐이다. 그러기에 초의 선사는 둘째 솥 온도를 서서히 낮추어가라고 한 것이다.

첫 솥에서 찻잎을 덖을 때 찻잎에서 나온 물기와 즙이 솥 안벽에 눌어붙어서 찌꺼기가 되는 수가 있다. 이것이 때로는 타는 냄새를 풍겨내 찻잎 전체에 스며들도록 한다. 이는 찻잎을 솥에 넣기 전 수분 함량 조절을 포함한 찻잎 진정·적응시키기에 실패했거나 솥의 온도가 너무 뜨거워 찻잎을 과도하게 자극한 탓이다.

## 찻잎 비비기

찻잎 비비기를 '부비기'라고도 하는데 잘못 쓰는 말이다. 또 '유념'이라는 중국 용어를 쓰기도 하는데 한국 차 제다를 하면서 굳이 그럴 필요는 없다고 생각한다. 비비기는 첫 솥에서 약간 굳어진 찻잎의 겉 표면을 부드럽게 풀어서 둘째 솥에서 다시 열이 찻잎 피부 속 깊숙이 침투하여 찻잎 속에 남아 있는 습기를 몰아내도록 하는 것과, 찻잎 피부를 두르고 있는 가죽표피에 금이 가게 하여 차탕을 우릴 때 찻잎 안의 성분이 그사이로 잘 우러나오도록 하기 위한 것이다.

찻잎 비비기는 솥에서 꺼낸 찻잎을 두 손바닥으로 크게 싸안을 정도의 양을 두 손바닥으로 서서히 비비는 일이다. 멍석 위에서 비비기도 하나 이는 낡은 방법이다. 멍석은 지푸라기가 많이 떨어져 나와 찻잎에 섞이고 짚 냄새도 스며들 수 있다. 요즘엔 논에 농약을 많이 주므로 멍석에 농약이나 곰팡이가 남아 있을 수도 있다. 판자로 된 비빔대 위에 두꺼운 천을 깔고 비비는 게 좋다.

비빌 때 너무 세게 힘을 주어 찻잎이 찢어질 지경이 되지 않아야 된다. 잘 익어 약간 굳어진 찻잎은 조금만 힘을 가해도 쉽게 균열이 생겨서 비비는 효과를 얻을 수 있다. 적당히 힘을 주어 서서히 한참을 비비면 찻잎 덩어리에서 즙이 나오고 그럴 즈음이면 손바닥에 들러붙어 있던 찻잎들이 그 물기의 영향으로 스스로 떨어진다. 그 정도이면 첫 비비기는 다 된 것이다.

찻잎이 잘 비벼지면 스스로 물기를 내뿜으며 서로 갈갈이 흩어지고자 한다. 이 찻잎들을 잘 풀어서 말리며 향을 맡아보면서 다시 비비기를 두세 번 더 한다. 그러면 점점 더 잘 비벼진 찻잎에서 풍겨 나오는 향이 매번 달라지면서 생 찻잎이 내는 환상적인 향이 올라온다. 그즈음이면 비비기는 다 된 것이다. 이때 바람결에 찻잎의 물기를 말려서 둘째 솥 '찻잎 말리기건조'의 단계로 들어간다.

찻잎을 한창 비빌 때 찻잎이 서로 뒤엉켜 떡처럼 되거나 손바닥에 달라붙어 잘 비벼지지 않는 경우가 있다. 이때는 찻잎을 하나하나 손가락으로 떼어내어 다시 비벼야 하니 매우 번거롭다. 찻잎 진정·적응시키기 단계에서 찻잎의 수분 함량과 컨디션 조절에 실패했거나 너무 센 불로 찻잎의 겉이 물러지도록 무리를 가한 탓이다. 이는 첫 솥에서 솥 안에 진이 눌러붙는 이유와 같다.

## 둘째 솥 '찻잎 말리기'

첫 솥에서 잘 익히고 밖에 나와
잘 비벼진 찻잎은 둘째 솥부터
는 말리기에 들어간다. 둘째 솥
의 온도는 그때그때 상황에 따
라 역시 '안면 체감'으로 판단해
야 하지만, 첫째 솥의 온도에서
40퍼센트 안팎 내린 정도가 좋
다. 둘째 솥의 온도는, 다른 솥
을 쓰지 않는 한, 첫째 솥의 열
기가 상당히 남아 있는 것에서

찻잎 말리기. 첫 솥에서 잘 익혀 잘 비벼진
찻잎을 둘째 솥에서 충분히 말린다

이어지기 때문에 농숙된 '깊은 열'을 쓰는 것과 같다.

이때는 농숙된 깊은 열기가 찻잎 속으로 파고 들어가 남은 습기를 몰
아내고 찻잎에 뜸을 들이며 찻잎을 말리는 일을 한다. 솥 안에서 오랫동
안 찻잎을 뒤척이다 보면, 찻잎 안팎에 더 이상 열기를 소진시킬 습기가
없거나 찻잎 몸체의 열기 수용량 초과로 찻잎과 솥 안 전체의 온도가 덩
달아 올라가게 된다. 이때는 불을 낮추어 계속하거나 찻잎을 꺼내야 한
다. 더 이상 두면 찻잎 겉이 눌거나 차향을 날려버리게 된다.


## 그 뒷일마무리

첫 솥에서 잘 익고 둘째 솥에서 충분히 마른 찻잎은 이제 더 이상 솥에
들어갈 필요가 없다. 덖음차 제다인 대부분은 찻잎이 솥 안에 여러 번

들어갈수록 좋은 차가 되리라는 막연한 생각을 가지고 있다. 그렇게 하는 것이 제다인의 부지런함과 성의를 보여주는 것이어서 그만큼 정성을 들이는 것인 만큼 좋은 차가 되어 나오리라고 기대하는 것이다. 그것은 착각이다. 한두 번에 할 일을 제대로 하지 못해 여러 번 하는 것과 같다. 밥을 제때 적당한 불로 잘 짓지 못하고 자주 불을 땐다고 뜸이 잘 든 좋은 밥이 되는 게 아닌 것과 같은 이치다.

둘째 솥에서 꺼낸 찻잎은 일부러 식힐 필요 없이 따뜻한 온돌방 바닥에 한지를 깔고 그 위에 널어놓아 서서히 식어가면서 스스로 몸을 추스르도록 한다. 3, 4일 또는 일주일가량 그렇게 두면 찻잎은 비취색<sub>깊은 바다</sub>의 검은 녹색으로 딱딱하게 굳어진다. 차가 80퍼센트 완성된 것이다. 찻잎을 솥에서 꺼내지 않고 열이 식어가는 솥 안에 그대로 오래 두어도 '온돌방' 효과를 얻을 수 있다.

이 찻잎을 거두어 나중에 '마무리'를 한다. 마무리는 솥을 아주 연하게 달구어 찻잎에 한 번 더 열기를 가해 찻잎 몸체를 풀어주는 것이다. 이는 생 찻잎 때와는 좀 다른 물건이 된 차를 새로운 정체성으로써 세상에 적응하도록 인도하는 일이다. 사람 몸이 오삭오삭하여 감기 기운이 있을 때 좋은 온천에 들어가면 목 뒷덜미와 등짝이 풀어지면서 안온한 느낌이 드는 것과 같은 행복감을 찻잎에게 안겨주겠다는 마음가짐이 필요하다.

마무리 솥의 온도는 손바닥을 솥 바닥에 2초 안팎 대고 있어도 데이지 않을 정도가 좋다. 양손으로 다루기에 적당한 양의 찻잎을 넣고 30분가량 찻잎을 저어주다가 꺼낸다. 이때 솥에 들어가는 초기의 찻잎은 방안에서 마르는 과정에서 서로 뒤엉켜 있다. 이것이 솥에 들어가 모든 찻잎이 온몸에 고루 열을 얻게 되면 엉켜 있던 것들이 풀어져 조금씩 오므라들어 작아진다. 또 이때 찻잎 뒷면에 붙어 있던 솜털이 떨어져 나와 누런 먼지로 일어난다. 동시에 감미롭고 향긋한 차향이 올라온다. 마스크를 쓰고 선풍기를 돌려 그 누런 먼지를 잘 날려버려야 차 탕이 맑게 된다.

혹자는 이 마무리 때 솥 온도가 100도 정도 되어야 하고, 찻잎 몸체에 하얀 분이 얹혀질 때까지 솥 안에서 휘저어야 한다고 주장한다. 또는 이때 수십 가지의 향기 성분이 피어오르는데 취향에 따라 좋은 향이 올라올 때 꺼내라고도 한다. 동의하지 않는다. 차는 이 마무리 과정에서 새로운 요인이 더해져 본유의 향이 개선되거나 첫 솥에서 결정된 본질이 변하거나 하지 않는다. 다만 마무리한 차를 거두어 예전처럼 죽순 거죽이나 한지로 싸거나 옹기에 넣거나 하여 보관하여 두면 시간이 지남에 따라 차 스스로 숙성된다. 이때의 변화는 자연의 섭리에 따른 것이고, 또 그렇게 변하는 것 자체가 자연의 순리다. 역易에서 우주 만물은 변한다고 했고 불가佛家에서는 만사가 시시각각 찰나찰나 변하지 않는 것이 없다고 했다. 그러니 마무리 솥 안에서 무슨 향을 내느니 가향을 하느니 하여 요란을 벌일 일은 아니다.

이른 봄에 제다한 차는 보관 중에 스스로 변하여 한 달 정도 지난 5월 말경이나 6월 초쯤에 향과 제맛이 나는 '진정한 차'의 모습을 드러낸다. 이때 잘 만든 차는 생잎의 환상적인 차향과 깊은 감칠맛이 나고, 잘못 만든 차는 그사이에 변해 풋내나 절은 내가 난다.

여기까지가 야생차 녹차 제다이다. 여기서 강조하고 싶은 것은, 지나치게 높은 솥 안의 온도와 너무 많은 찻잎의 양은 차의 질을 떨어뜨리는 요인이 된다는 것이다. 또 하나, 제다의 과정에서 자연성에 합치하는 도구를 써야 한다는 것이다. 찻잎을 따서 담을 때나 덖은 찻잎을 옮길 때 플라스틱 바구니나 비닐봉지를 써서는 안 된다. 공업용 목장갑을 사서 그대로 쓰거나 양은 세숫대야로 차를 담아 옮기는 사람도 있다. 차를 제다하는 것은 자연의 진수인 차를 자연의 섭리에 따라 농축된 자연물로 재탄생시키는 일이기에 자연성에 반하는 도구를 쓰는 것은 앞뒤가 안 맞는 짓이다.

초의 선사는 《동다송》에서 "채다는 그 묘를 다해야 하고, 조다는 그 정성을 다해야 하고, 물은 진수를 얻어야 하고, 포법은 중정을 얻어야 하는 것이니, 체와 신이 서로 고르고, 건과 영이 서로 함께 하는 것을 일컬어 다도에 이르렀다 할 것이다"라고 하여 찻잎을 따는 일에서부터 차를 만드는 일, 차를 우려 마시는 일에 이르기까지를 '다도茶道'로 파악했다. 즉 차를 만드는 일製茶을 도道의 경지에서 해야 함을 일갈한 것이다. 초의 선사가 말한 '중정中正'은 역易의 용어로서 '알맞고 바름'을 뜻한다. 제다에 있어서 무리한 열을 가하거나 자연을 거스르는 인위적인 힘 또는 수단을 쓰는 것은 도나 중정과 거리가 멀다. 따라서 그런 차로써 다도를 한다는 것은 이치에 맞지 않는 일이다.

# 제다의 도

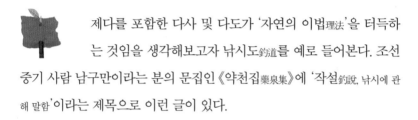
제다를 포함한 다사 및 다도가 '자연의 이법理法'을 터득하는 것임을 생각해보고자 낚시도釣道를 예로 들어본다. 조선 중기 사람 남구만이라는 분의 문집인 《약천집藥泉集》에 '작설釣說, 낚시에 관해 말함'이라는 제목으로 이런 글이 있다.

경술년1670년 나는 고향 결성으로 돌아가 지냈다. 집 뒤켠에 넓이가 수십 보 남짓, 깊이가 예닐곱 척쯤 되는 못이 하나 있었다. 긴 여름 동안 나는 하는 일 없이 그곳 고기들을 구경하곤 했다. 하루는 이웃 사람이 대나무로 낚싯대를 만들고 철사를 두들겨서 낚싯바늘을 만들어 나에게 주면서 낚시를 하도록 권했다. 나는 서울에서만 오래 지냈기 때문에 낚싯바늘의 길이나 넓이, 굽은 정도가 어떠해야 하는지 알 턱이 없으므로 그저 그가 주는 그대로 하여 종일토록 낚시를 드리우고 있었는데 한 마리도 잡지 못했다.

다음 날 손님이 한 사람 와서 낚싯바늘을 보더니 "고기를 잡지 못한

게 당연합니다. 바늘 끝이 안으로 너무 굽어 고기가 물기도 쉽지만 뱉기도 쉽게 생겼으니 끝을 밖으로 조금 펴야 합니다" 하였다. 나는 그에게 낚싯바늘을 두들겨 그렇게 펴달라고 한 다음 다시 종일토록 드리웠으나 역시 한 마리도 잡지 못했다. 그다음 날 또 다른 손님 한 사람이 와서 바늘을 보더니 이렇게 말했다. "못 잡는 게 당연합니다. 바늘 끝이 밖으로 펴지기는 하였으나 굽은 테의 둥글기가 너무 넓어서 낚시가 고기 입에 들어갈 수가 없습니다." 나는 또 그 사람에게 부탁하여 바늘 굽이의 둥글기를 좁게 만든 다음 다시 종일토록 드리워서 겨우 한 마리를 잡았다. 그런데 그다음 날 손님 두 사람이 왔기에 나는 낚싯바늘을 보여주며 지금까지의 일을 말하니 그중 한 사람이 "적게 잡을 수밖에 없는 것이 당연합니다. 바늘은 굽힌 곡선의 끝이 짧아 겨우 싸라기를 끼울 만해야 하는데, 이것은 굽힌 끝이 너무 길어 고기가 삼킬 수 없고 삼켜도 입속 깊이 들어가기 전에 다시 내뱉게 생겼습니다" 하였다. 나는 그 사람에게 그 끝을 짧게 만들도록 한 다음 한참 동안 드리우고 있노라니 여러 번 입질을 하였으나 낚싯줄을 당기는 중에 고기가 빠져서 도망가기 일쑤였다.

그러자 곁에 있던 다른 손이 말했다. "저 사람의 바늘에 대한 견해는 맞으나 당기는 방법이 빠졌습니다. 대체로 낚싯줄에 매달린 찌는 떴다 잠겼다 하는 것으로 입질하는 것을 알려주는데, 움직이기만 하고 잠기지 않는 것은 완전히 삼킨 것이 아니라서 갑자기 당기면 너무 빠르고, 잠겼다 조금 나오는 것은 삼켰다가 다시 뱉은 것으로 천천히 당기게 되면 이미 늦습니다. 때문에 잠길락 말락 할 때에 당겨야 합니다. 그리고 당길 때에도 손을 들어 곧바로 올리면 고기의 입이 막 벌어져서 바늘 끝이 아직 걸리지 않아 고기 아가미가 바늘 따라 벌어져서 나뭇가지에서 낙엽이 지듯 떨어져버립니다. 그런 까닭에 비로 쓸 듯이 당기는 방향을 옆으로 비스듬히 낚싯대를 눕혀 당기면 고기가 막 삼키자마자 바늘 끝이 목구멍에 걸려 좌우로 요동을 쳐도 더욱 단단히 박히게 되므로 이것이 놓치지 않는 방법입니다."

과연 그 방법대로 해보니 드리운 지 얼마 안 되어 서너 마리를 잡았다. 그러자 손이 "법法은 이것이 전부이나 묘妙가 아직도 부족합니다"라고 하면서 내 낚싯대를 가져다 직접 드리웠다. 낚싯줄도, 바늘도, 미끼도, 내가 쓰던 그대로이고 앉은 곳도 내가 앉았던 곳으로, 달라진 것이라곤 낚싯대를 잡은 손일 뿐인데도 드리우자마자 고기가 다투어 올라와 마치 바구니 속에서 집어 올리듯 쉴 새가 없었다. "묘라는 것이 이런 것입니까? 그것도 가르쳐줄 수 있겠습니까?" 내가 물으니, 손이 이렇게 답하였다. "가르쳐줄 수 있는 것은 법입니다. 묘를 어떻게 가르쳐줄 수 있겠습니까. 가르쳐줄 수가 있다면 그것은 묘라고 할 수 없는 것입니다. 그러나 굳이 가르쳐달라고 한다면 한 가지가 있습니다. 당신은 내가 가르쳐준 법으로 아침이고 저녁이고 낚싯대를 드리워 정신을 가다듬고 뜻을 모아 오랜 동안 계속하면 몸에 배고 익숙해져서 손의 움직임이 자연스럽게 조절되고 마음도 저절로 터득하게 될 것이니, 이처럼 된 후에 묘를 터득하거나 못하거나, 혹 미묘한 것까지 통달하여 묘의 극치를 다하거나, 또는 그중 한 가지만 깨닫고 두세 가지는 모르거나, 아니면 하나도 몰라 도리어 의혹되거나, 혹은 문득 자각하여 자각한 줄도 모른다거나 하는 따위는 모두가 당신에게 달린 것이니 내가 어떻게 하겠습니까. 내가 당신에게 해줄 수 있는 말은 이것뿐입니다."

그제야 나는 낚싯대를 던지고 탄식하였다. "훌륭하다 손의 말이여! 이 도道를 미루어간다면 어찌 낚시에만 적용될 뿐이겠는가! 옛사람이 이르기를 '작은 일로 큰일을 깨우칠 수 있다' 하였으니, 이런 것을 두고 한 말이 아니겠는가." 손이 떠난 뒤 나는 그의 말을 기록하여 스스로 살피는 자료로 삼고자 하노라.

위 글이 말하듯 도는 제다製茶에도 적용된다. 주희朱熹는 '솔성지위도率性之謂道…'《중용》라는 자사子思의 말을 "사람과 물건이 각각 그 성性의 자연을 따르면 그 일상생활하는 사물의 사이에 각각 마땅히 행해야 할 길이 있으니, 이것이 이른바 도다."《소학집주》라고 풀이했다. 또 "수도지위교修道之謂教"라는 말을 "각 사람과 물건의 기품이 달라 과하거나 불급한 차이에 따라 성인聖人이 사람과 물건이 마땅히 행해야 할 것을 품절品節하여 천하에 법으로 삼았으니, 이것을 일러 교教라 하니, 예禮 악樂 형刑 정政과 같은 등속이 그것이다"라고 했다.

법은 타의他意, 聖人에 의해 제시된 공용公用의 기준이고, 도는 법에 묘가 가해진 주체적 창의적 경계다. 제다에 있어서 '제다법'이란 만인에게 제시된 '기준낚시법'에 따라 남들처럼 고기를 단지 서너 마리만 잡을 수 있는 방법이고, 차의 본성자연을 좇는살려내는 '제다의 도'야말로 묘로써 '마땅히 행해야 할 길'을 가는 최고 수준의 제다라고 할 수 있다. 이러하기에 다도는 또한 제다를 포함하거나 도로써 제다된 차를 통해 완결될 수 있다.

제다의 도에 있어서 결론으로 《맹자》의 말과 그것을 주석註釋한 주자朱子의 말을 인용하고자 한다. 300~400도의 뜨거운 솥에 찻잎을 넣거나 '구증구포'라는 마귀에 쓰여 찻잎에 가혹한 인위를 가하지 말라는 뜻으로 해석하면 되겠다. 《맹자》 '이루장구 하離婁章句 下'에 맹자의 이런 말과 주자의 주석이 나온다.

天地高也 星辰之遠也 苟求其故 千歲之日至 可坐而致也

하늘이 비록 높고 별들이 멀리 있으나 그것들의 이미 그러한지나간 자취원리를 살펴보면 그 운행함에 일정함이 있음을 알 수 있어서 천 년 뒤의 동지日至를 가만히 앉아서도 알 수가 있다(맹자).

況於事物之近 若因其故而求之 豈有不得其理者而何以穿鑿爲哉
事物之理 莫非自然 順而循之 則爲大智 若用小智而鑿以自私 則害於
性而反爲不智

하물며 (하늘이나 별보다) 가까이 있는 사물로서 그 까닭을 미루어 생각하면 어찌 그 이치를 알지 못함이 있어서 천착을 하겠는가. 사물의 이치는 자연自然 아닌 것이 없으니, 이를 순히 하여 따르면 큰 지혜가 되고 만일 작은 지혜를 써서 천착하여 스스로 사사롭게 하면 본성을 해쳐 도리어 지혜롭지 못함이 되는 것이다(주자 주).

자연을 따르지 않고 억지로 구멍을 뚫어 해침.

**제다의 중요함**

차를 하는 사람들은 '다도'를 매우 중시한다. 그러나 진정한 다도가 성립하기 위해서는 향·색·맛이 제대로인 '좋은 차'가 있어야 한다. '좋은 차'는 '제다'製茶에서 결정된다. 따라서 차에 있어서 가장 중요한 일은 '다도'보다도 '제다'라고 할 수 있다.

초의 선사는《동다송》에서 '다도'는 채다茶잎 따기─제다차 만들기─팽다차 우리기─끽다차 마시기 과정에서 정성을 다하는 것이라고 말했다. 여기서 '정성을 다하는' 목적은 차가 향·색·맛으로 지닌 지고지선의 '자연의 이법'을 인간에게 잘 전이轉移 발현發顯시키는 것이다. 다도란 인간이 차의 향·색·맛을 통해 사리사욕의 굴레에서 벗어나 자연의 이법에 합일하는 길을 찾는 것이기 때문이다.

채다에서 끽다에 이르는 다도의 전 과정을 100이라 할 때 제다는 50 이상을 차지한다고 할 만큼 중요하다. 다도에 있어서 차의 역할은 향·색·맛에 순수 전일한 '자연의 이법'을 담고 있어야 하는 것이고, 차가 그런 향·색·맛을 갖도록 하는 것이 제다이기 때문이다. 따라서 제다인은 도道 및 다도茶道의 의미를 잘 파악하고 진정한 다도를 위해 어떤 차를 어떻게 만들어야 할지에 대해 경敬의 자세를 한시도 놓쳐서는 안 된다.

어떤 음식도 따를 수 없는 차의 덕성인 향·색·맛은 자연물인 차가 천명天命으로 부여받아 타고난 것이다. 그런데 '제다'라는 인위人爲는 차가 지닌 자연의 덕성을 덜어내는 작업이다. 이는 제다에 있어서 차의 덕성을 얼마나 손실이 적게 온존시켜내느냐의 고민이 따라야 하는 이유이다. 완제된 차에 차 본유의 환상적인 향·색·맛이 얼마만큼 남아있느냐가 제다의 수준을 말해준다.

그러나 대부분의 다서茶書에서도 그렇고, 차인들이 차를 말할 때 제다의 중요성을 간과한다. 차 일을 좁은 의미로 단순히 '차 마시는 일' 쯤으로 생각하거나,

'차' 하면 주로 차를 얻어 즐기는 입장에서 음다飲茶에만 관심이 기울어져 있다. 차 문화의 주류를 이루는 사람들이 대부분 제다의 경험이 없어서, 제다에서 차의 질이 결정되고 이후 차 일의 모든 것을 가름하는 요소가 된다는 사실의 중요성을 모르는 탓이고, 제다를 직접 하는 사람들은 각기 자신의 제다법이 '비법'이라고 과대망상하거나 착각에 빠져 있을 뿐 제다의 순수하고 궁극적 목적이 무엇인지를 모르기 때문이다. 그러다 보니 차 관련 학계에서 '제다'를 다룬 학위논문도 몇몇 제다인 또는 절집의 별 차별성 없는 차 만들기를 나열 소개하는 데 그치고 있다. 학계의 제다에 대한 학문적 수준과 관심이 그러하니 한국 대학에 본격적인 제다학과가 없는 것은 당연하다. 한국 차의 실정이 그렇게 된 가장 큰 이유는 한국에서 차와 관련된 사람들 대부분이 잘 제다된 한국 전통 야생 수제 덖음차의 향·색·맛이 주는 감동에 젖어볼 기회가 없기 때문일 것이다.

모름지기 다도는 끽다喫茶, 차를 혀 안에 섭듯이 굴리면서 향과 맛을 음미하며 마시는 일뿐만 아니라 종다種茶, 차나무 재배—제다—점다點茶, 차 우리기—끽다에 이르는 전 과정에서 모색되어야 한다. 초의 선사가 《동다송》에서 '채다, 제다, 행다 과정에서 묘와 정성을 다하면 다도에 이른 것'이라고 한 것이나 "차를 마실 때 객은 적어야 좋은 것이다. … 객이 많으면 수선스러워서 아취를 잃게 된다. 홀로 마시는 것을 신神이라 하고, 객이 둘이면 승勝, 뛰어날 승, 서넛이면 취趣, 다다를 취, 대여섯이면 범泛, 물에 뜰 범, 칠팔이면 시施, 베풀 시, 퍼질 시라 한다"라고 말한 것은 그런 뜻이다. 물론 형편상 차나무 재배나 제다를 누구나 할 수 있는 일이 아니어서 다도를 논할 때 주로 점다에서부터 이후 끽다에 이르는 과정을 다루는 것이지만, 그것이 차의 미덕을 좇는 완결한 다도라고 할 수는 없다.

한국에서 제다에 관한 토론이 활발하지 못한 원인은 첫째, '좋은 차'에 대한 기준이 없다는 것이다. '좋은 차'의 향·색·맛에 대한 표준이 없기 때문에 너도나도 자기가 만든 차가 그 나름 모두 '최상의 차'라는 아집에 얽매이고, 그런 차를

만든 제다법이 만고의 비법이고, 그런 차를 만든 사람들은 각기 자칭 '차 명인'
이다.

한국의 차 문화와 더불어 전수되어 내려오는 전통 제다법의 유산이 없다는
것도 문제다. 조선 후기 다산 선생과 초의 선사에 의해 본격적으로 야생차 수제
제다가 행해진 것으로 알려지고 있으나 조선 후기 이운해李運海, 1710~?가 1755
년에 기록한《부풍향차보風鄕茶譜》나 초의 선사가 1828년 지리산 칠불선원에서
《만보전서》에 실린 명나라 장원張源의《다록茶錄》을 베껴 정리한《다신전》, 추사
의 동생 김명희1788~1857가 서유구1764~1845의《임원경제지》권 27에 실린 차 관
련 내용을 간추려 정리한《다법수칙》등에 편린으로 제다의 방법이 전해지나 이
는 중국 차 이야기에서 흘러나온 것들이 많다.

이 땅에서 나는 찻잎의 특성을 살리는 제다에 대한 방향 제시나 기준이 없으
니 한국적 정체성의 '좋은 차'가 나오지 못하고, '좋은 차'가 없으니 '좋은 차'의
기준이 설정되지도 못하는 악순환이 계속되고 있다. 한국 차가 소비자들에게 신
뢰를 잃고 사양길에 접어들게 된 원인이 바로 그것이다.

한국 차 제다의 문제는 농정 당국의 무관심 또는 무지와도 관계가 있다. 제다
를 계발하고 제다의 표준을 정하여 제다인들을 선도하는 역할은 차 관련 농정
당국의 몫이다. 당국이 팔짱을 끼고 있거나 오도된 '차 명인' 제도로 오히려 한
국 차 문화 및 차 사업을 퇴행시키는 일을 하고 있다. 차를 농정에 넣을 것이냐
문화 행정 분야에 넣을 것이냐도 문제이지만, 시장의 크기에 관계없이 차가 국
가적 자존심이 걸린, 유구한 역사의 전통 문화라는 인식을 가질 필요가 있다.

완결의 제다를 하기 위해서는 생 찻잎 관리찻잎 따는 시기·시간 포함와 함께 차 덖
음에 있어서 첫 솥의 열 기운문무화의 조화 및 덖는 시간 관리가 중요하다. 자칫하
면 설익은 차가 되거나 겉은 타고 속은 설익은 생 차가 된다. 한 번 그렇게 된 차
는 고치기 어렵다. 알맞은 열기로 알맞은 시간에 안팎이 과불급 없이 고루 익게

하는 것이 최상의 제다이고 그렇게 하면 다서에 언급된 청향설지도 너무 데쳐지지도 않은 향, 난향불김이 고루 든 향, 순향안팎이 똑같은 향이 발현될 수 있다. 차 익히기와 관련하여 김명희가 《다법수칙》에서 "(솥 안에 4냥의 찻잎을 넣고) 먼저 문화文火, 즉 약한 불로 덖어 부드럽게 하고, 다시 무화武火, 곧 센 불을 더해 재촉한다. 손가락에는 대나무 깍지를 끼고서 서둘러 움켜서 섞는다. 반쯤 익히는 것을 법도로 삼는다. 은은히 향기 나기를 기다리니, 이것이 바로 그때다"라고 한 것이나, '초의 제다법'으로 알려진 '솥뚜껑을 닫고 기다리다가 김에 풀냄새가 올라올 때 뚜껑을 열고 덖는' 방법은 찻잎을 속까지 고루 익히면서 생 찻잎에 들어 있는 환상적인 향의 발산을 최대한 막기 위한 방법이다.

가마솥의 열 기운을 어느 정도로 할 것인가는 가마솥의 재질무쇠, 놋쇠, 스테인리스 또는 기타 혼성 재질과 두께, 가마솥의 안지름 등에 따라 다르고, 덖는 시간 조절은 덖는 사람의 손놀림과 손재주에 따라 다르게 할 수 있다. 어떤 재질의 가마솥, 어느 정도의 두께와 크기에 어떤 상태의 찻잎을 얼마만큼 넣고 첫 솥은 몇 도의 온도에서 1분또는 초당에 몇 회 정도의 손놀림으로 얼마 동안 차를 덖으며, 둘째 솥은 어느 정도 열기를 낮춰 어떤 손놀림으로 얼마 동안 솥 안에서 찻잎을 통솥해야 한다는 등의 텍스트를 만들어내는 일은 제다인들을 중심으로 하여 차 관련 행정 당국과 차 학계가 중지를 모아 수행할 일이다.

그렇게 하여 '한국 차 제다의 표준'이 정해지면 이에 따라 '이상적인 향·색·맛을 내는 한국 차'의 기준이 자연히 뒤따를 것이다. 그런 표준이 정해지면 제다인들은 그 표준에 따라 '좋은 차 만들기' 경쟁을 하게 될 것이다. 그 경쟁에서 '표준'은 그대로 따라 하면 되는 것이지만, 그 밖의 경쟁 요인은 찻잎의 질과 관리가 될 것이다. 재배차건 야생차건 어떤 좋은 찻잎을 선택하여 그것을 제다 과정에서 어떻게 관리하여 제시된 제다 표준에 따라 최상의 향·색·맛을 내는 차를 만들 것인지가 제다인 각자의 능력이자 경쟁의 내용이 될 것이다.

# 반발효차 제다

 조선 후기 한국에서 제다가 본격화되었을 즈음 다산 정약
용 선생이 장흥 보림사에서 만든 차나 초의 선사가 해남 대
둔사에서 만든 차는 주로 발효차 계열의 떡차였다고 한다. 하동 화개골
에서도 일찍이 '잭살'이라는 발효차 계열의 차가 있었다. 이는 중국에서
음다 생활 초기에 제다 기법이 아직 조잡했던 탓에 세심한 과정이 요구
되는 녹차 제다가 아닌 발효차 계열의 차를 만들었던 사정과 같다.

산절로야생다원에서는 녹차 제다와 함께 반발효차와 홍차를 제다한
다. 이는 최근 한국인들의 중국 보이차 선호 추세에 편승하고자 한 것이
아니고, 조상들이 본래 발효차를 마셨음을 감안하여 이 땅의 찻잎으로
도 우수한 발효차가 날 수 있음을 확인하고자 한 것이다.

산절로야생다원의 발효차정확히 말하면 '산화차' 제다는 녹차 제다가 끝난
5월 중순 이후 이루어진다. 즉 녹차보다는 좀 더 크고 센 잎으로 반발효
차를 만든다. 반발효차 제다 과정은 찻잎 따기, 햇볕에 시들리기, 흔들어
그늘 재우기, 살청, 비비기, 말리기, 마무리의 7단계로 이루어진다.

1 해맑은 주황색의 산절로
   반발효차
2 산절로 반발효차 우린 잎.
   잎의 가장자리부터
   30~50퍼센트가 다갈색
   으로 산화돼 있다

반발효차 제다는 녹차 제다에 비해 과정이 복잡하고 시간도 많이 걸리는 만큼 공력도 많이 들어간다. 반발효차 제다에 있어서는, 녹차 제다가 덖음 솥의 열기와 덖을 때의 시간 조절이 중요한 것에 비해, 해맑은 햇볕과 청아한 공기 등 자연조건이 매우 중요하다. 요즘 한국에서 발효차를 만드는 사람들 중에는 '발효'를 촉진시킨다는 목적으로 '발효 중'인 찻잎을 뜨거운 곳에 넣거나 열기를 가하는 등의 무리한 인위적 조작을 하는 이들이 있는데, 이는 '발효'를 청국장 뜨는 것처럼 하는 것이 진짜 '발효'라고 착각한 탓이다. 보이차곰팡이균에 의한 후발효차가 아닌 중국의 청차 계통의 반발효차나 홍차는 실은 '발효'가 아니라 찻잎 속에 든 산화효소가 공기의 산소를 만나 '산화갈변'하는 이치에 따른 것이다. 따라서 산화 중인 차 뭉텅이를 비닐 자루에 담아 뜨거운 곳에 두는 등의 무리를 가하면 '산화 차' 특유의 감미롭고 그윽하고 자연스런 향 대신 텁텁하고 시큼털털한 악취와 맛이 난다. 색깔도 해맑은 황갈색 대신 중국 보이차처럼 거무데데한 색깔이 된다.

## 찻잎 따기

반발효차 제다의 찻잎으로는 녹차의 '일창일기一槍一旗'나 '일창이기一槍

二旗'에 비해 '창'이 없는 '이기'나 '삼기'도 좋다. 찻잎은 5월 10일경 이후부터는 그야말로 '쑥쑥' 자란다고 할 정도로 잎과 줄기의 성장이 빠르다. 그 때문에 녹차 제다 이후에 따게 될 찻잎은 대개 줄기가 길게 자라서 거기에 잎들이 띄엄띄엄 붙은 게 많다. 이것을 이기나 삼기로 따려면 줄기와 함께 따는 수밖에 없다. 줄기는 제다 과정에서 잎과 함께 산화되므로 녹차 제다에서 질긴 줄기가 홍변하여 '녹차'의 개념을 해치는 것과는 사정이 다르다. 또 굵은 줄기는 산화시키고 덖고 비비는 과정에서 대부분 자연 분리된다. 중국 무이암차의 경우는 나중에 분리된 줄기만 따로 모아 상품화한다.

## 햇볕에 시들리기

'반발효'라는 것은 곰팡이에 의해 발효되는 '후발효'와 달리 찻잎 속의 산화효소가 바깥의 산소를 만나 산화되는 것이다. 사과를 깎아놓으면 갈변하는 현상과 같다. 따라서 '햇볕 시들게 하기'부터 발효가 시작된다고 봐야 한다. 햇볕 시들게 하기는 위조萎凋라고 한다. 이는 찻잎에 강한 햇볕을 쬠으로써 찻잎의 습기와 강한 기세를 좀 죽이고 찻잎 속의 향기 성분을 자극해 활성화하기 위한 조작이다. 멍석 위에 찻잎을 10센티미터 정도의 두께로 펼쳐 널어서 햇볕에 내놓고 일정한 간격으로 서너 번 뒤집어준다. 햇볕을 쬐는 시간은 찻잎 상태와 햇볕의 세기에 따라 다르다. 겉에 묻어 있는 물기가 완전히 마르고 찻잎 가장자리가 처지면서 쭈글쭈글한 기색이 있으면 마친다. 찻잎에서 무 냄새가 나면 시간이 지나친 것이다.

## 흔들어 그늘 재우기

찻잎을 대바구니나 밑이 넓은 천연 재질의 그릇에 넣고 세게 흔들어서 찻잎 가장자리에 상처를 낸다. 찻잎은 얇은 가장자리부터 산화되는데, 이처럼 산화를 촉진하고 찻잎 속의 향 성분을 밖으로 추출해내는 과정이다. 흔든 뒤에는 그릇에 그대로 펼쳐서 약간 더운 실내 그늘에 놓아둔다. 찻잎 가장자리가 20퍼센트 정도 갈이나 홍변할 때까지 가끔씩 흔들어주는 게 좋다.

이때 세심한 신경을 써야 할 일이 있다. 찻잎을 흔들 때 밀폐된 곳이나 탁한 공기가 있는 곳을 피하는 것이다. 그늘에 놓아두었던 찻잎은 자체 산화열에 의해 안쪽과 바닥 쪽이 훈훈하게 데워져 있다. 찻잎이 담긴 그릇을 흔드는 이유는 그런 찻잎과 위쪽 찻잎의 위치를 바꾸거나 섞어주면서 찻잎을 자극하여 향기 성분을 더 활성화하기 위한 것이다.

이때 발효란 찻잎 속의 산화효소가 산소를 만나 산화되는 과정이므로 지극히 신선한 공기를 공급해주어야 한다. 가장 좋은 방법은 찻잎이 난 산 가까이에 제다 터를 잡고 찻잎이 자라면서 적응된 산 공기를 만남으로써 '신토불이' 산화가 되도록 하는 게 좋다.

이때 찻잎을 커다란 비닐봉지에 넣고 묶어 뜨거운 아랫목에 이불로 덮어두는 사람도 있다. 청국장 뜨이는 방식을 좇는 것인데 반발효차를 망치는 짓이다. 앞에 말했듯이 곰팡이를 이용하여 청국장을 만드는 방법과 반발효차를 만드는 방법은 원리가 전혀 다르다. 반발효차는 곰팡이가 아닌 신선한 산소를 필요로 한다는 사실을 망각한 처사다.

그렇게 해서 만든 반발효차<sub>진정한 의미의 반발효차도 아니지만</sub>는 찻잎이나 탕

1  흔들어 그늘 재우기
2  50퍼센트쯤 발효(산화)된 찻잎
3  살청
4  마무리

색깔이 거무데데하고 탕에서 악취가 나면서 맛은 시큼털털하여 도저히 마실 수 없다. 현재 '보이차 따라가기'에 급급하여 적잖은 제다인이 그런 차를 만들고 있다. 이는 산화차인 반발효차와 곰팡이에 의한 후발효차인 보이차를 구별하지 못한 탓이다. 한국의 황차나 반발효차는 중국 윈난雲南 성 보이차가 아니라 푸젠福建 성 우롱烏龍차 계열임을 알 필요가 있다.

이렇게 약간 더운 실내에서 한나절 정도 섞고 뒤집고를 반복하다 보면 찻잎의 50~60퍼센트가 갈변한다. 그러나 실제로는 40퍼센트 정도가 발효산화된 것이다. 그때는 감미로운 과일 향과 향긋한 꽃향이 함께 올라온다. 덖기에 들어가라는 신호이다.

## 살청

덖기 단계이다. 솥 온도는 찻잎의 습기 함유 정도에 따라 다르지만 150도를 넘지 않는 게 좋다. 찻잎을 솥에 넣자마자 풋내와 함께 감미로운 내음이 올라온다. 풋내가 사라지고 감미로운 향이 약간 들큼한 냄새로 바뀌면서 밑바닥에 약간 탄 듯한 가루가 생기면 찻잎을 꺼낸다. 찻잎 가장자리 쪽 갈변한삭은 부분은 두께가 얇아져 있어서 솥바닥을 만나는 시간이 길어지면 자칫 타버린다.

그러나 풋내가 남아 있는 가운데 탄 가루가 생겼다면 솥 온도가 너무 뜨거운 데 비해 손놀림이 더딘 탓이다. 이렇게 되면 좋은 차가 될 수 없다. 이런 차는 일단 꺼내어 잎을 털면서 흔들어 탄 가루를 털어내고 한번 더 덖는다. 그러나 반발효차는 산화발효를 완전히 정지시키는 녹차 제다의 '살청'과 달리 살청이 덜 되더라도 풋내만 나지 않으면 제다 후 산화가 진행되어도 괜찮으니 완벽하게 덖으려고 애쓸 필요는 없다.

## 비비기

비비기는 소엽종인 한국 찻잎으로 반발효차를 만드는 데 있어서 가장 애매하고 어려운 과정이다. 녹차를 다 만든 이후에 딴 찻잎이어서 시기적으로 잎이 거친 데다가 산화된삭은 부분은 쉽게 부서져버린다. 가장 좋은 방법은 살청 단계에서 솥 안에서 덖기와 비비기를 동시에 하는 것이다. 뜨거운 찻잎은 식은 것보다 쉽게 비벼진다. 그러나 이것은 초보자가 하기는 어려운 일이다. 찻잎을 솥에서 꺼내서 비빌 때는 녹차 제다의 경우처럼 뜨거울 때 비비는 게 좋다.

## 말리기

비비고 식힌 찻잎을 바깥 그늘에서 잠깐 말린다. 이때 약한 햇볕직사광선이 아닌이 들어와도 좋고 깨끗한 공기가 와 닿는 곳이라야 한다. 이는 찻잎이 햇볕의 자연스런 온기 속에 신선한 산소와 조금이라도 더 만나도록 하는 것이다. 찻잎 겉이 딱딱해지면 대바구니에 담아 따뜻한 실내에 3일~1주일가량 둔다.

## 마무리

녹차 제다의 마무리와 같은 원리에 따른 것이다. 솥을 녹차 마무리 온도 정도로 데워 6단계에 있는 찻잎을 넣는다. 꼬불꼬불해진 찻잎이 펴지고 찻잎 뒷면에 붙은 솜털이 떨어진다. 한 7~10분 정도 지나면 단내가 올라온다. 20분이 지나기 전에 찻잎을 꺼낸다.

이렇게 만든 반발효차를 한 달쯤 지난 뒤에 우려내면 짙은 주황 노을 색깔에 사과 향 장미 향이 뒤섞인 듯한 감미롭고 그윽한 향이 나서 끽다하는 사람으로 하여금 환상적인 분위기에 젖게 한다.

**차의 종류**

차 생활이 복잡한 것으로 생각되게 하는 것 중에 하나가 차 종류의 많음이다. 요즘엔 인삼차니 대추차니 녹각차니 하여 차가 아닌 '즙'이나 '탕'까지 차의 명성에 편승하여 '차' 노릇을 하는 세태다. 차를 하고자 맘먹었던 사람들조차도 세상에 무슨 차가 그리 많은지 헷갈리지 않을 수 없다. 그러나 문제는 간단하다. 차 종류를 구분하는 논리만 알면 차의 종류뿐만 아니라 우리가 어느 경우에 어떤 차를 마시는 게 적합한지를 쉽게 판단할 수 있다.

한마디로 차의 종류는 제다 과정에서 찻잎을 어느 정도 발효또는 산화시켰는가로 정한다. 녹차는 찻잎을 따자마자 산화이것을 이른바 '발효'라고 하는 것은 잘못이다를 막기 위해 뜨거운 솥에 넣어 덖거나 수증기로 쪄서 산화작용을 정지시킨이를 '살청'이라고 한다 차다. 무슨 식물이든지 잎이나 과육에는 산화효소가 있어서 상처를 입자마자 공기 중의 산소와 결합하여 산화가 시작된다. 사과나 배를 깎아놓으면 금방 갈색으로 변하는갈변 현상이 그것이다. 찻잎도 마찬가지다. 녹차는 이파리의 산화를 막아 생 찻잎이 지닌 은은한 향과 연한 녹색을 그대로 유지시킨 것으로 차가 지닌 자연의 덕성을 원형에 가깝게 가장 잘 전해받고자 만든 차라고 할 수 있다.

찻잎을 따서 그냥 두면 상처가 있는 잎자루와 연한 가장자리부터 갈변한다. 이를 더 촉진시키기 위해 햇볕과 그늘을 오가며 흔들어 상처를 더 깊고 넓게 하여, 30~70퍼센트 정도의 갈변이 진행되었을 때 솥에 넣어 덖은 게 반발효차다. 중국 푸젠 성에서 나는 우롱차나 대홍포, 철관음, 수금귀, 대만 아미산 고산차 등이 대표적인 반발효차다. 반발효차는 주황색을 띠며, 녹차보다 감미로운 향이 특색이다. 반발효차는 완제된 찻잎의 겉 색깔이 청색이라 하여 '청차'라고도 하나 근거가 불명확하다.

생 찻잎의 산화가 100퍼센트 진행된 게 홍차다. 홍차는 탕색은 홍색이나 완제

산절로 녹차　　　　산절로 반발효차　　　　산절로 홍차　　　　중국 보이차

된 마른 찻잎의 색깔이 검정색에 가까워 블랙티라고도 한다. 홍차는 산화된 향이 강해서 영국 사람들은 우유나 다른 향료를 섞기도 한다.

보이차는 산화 차인 반발효차나 홍차와 달리 진정한 발효차라고 할 수 있다. 보이차는 생 잎을 찧거나 살짝 익혀 오래오래 쌓아둔 것에 곰팡이발효균가 끼여 청국장처럼 뜬 것이다. 그래서 보이차를 다른 '발효산화차'와 구별하기 위해 '후발효차'라고도 한다. 보이차는 〈차마고도〉라는 다큐멘터리에서 보았듯이 주로 티베트나 몽골 등 채소가 나지 않는 북쪽 지방 먼 곳에 일시에 많은 양을 가져다 쌓아두고 오랫동안 채소 대용으로 먹기 위해, 또는 물이 나쁜 중국에서 일상 식음용으로 오래 두고 쓰기 위해 만든 것이다. 향이 찻잎 본래의 향을 전하는 녹차의 향과는 픽 다르고한국의 초가지붕 '썩은 새' 냄새와 비슷하다는 사람도 있다 맛도 시고 쓴 맛이 강해서 티베트 사람들은 야크젖 등을 넣어 2차적인 차를 만들어 마시기도 한다.

보이차 제다는 녹차 제다에 비해 무척 조잡하다. 한 번 대충 익히고 살짝 비벼서 햇볕에 잠깐 말렸다가 곰팡이가 슬게 하여 포장하는 게 전부다. 최근엔 대량 제다를 위해 한 달가량 넓은 시멘트 바닥에 퇴비처럼 쌓아놓고 일주일 간격으로 물을 뿌려 섞고 다시 마대로 덮어 인공으로 뜨이는 과정을 거친다. 그 과정에서 생긴 곰팡이, 먼지, 각종 때를 씻어내기 위해 보이차는 찻주전자에서 뜨거운 물로 씻어낸 뒤에 우려 마신다. 예전엔 생잎을 찧어 반죽하여 벽돌이나 동전 또는 떡처럼 만들어 썼다. 보이차 원료가 되는 찻잎은 중국 윈난 성 시솽판납 노반장 등 50여 곳에 서식하고 있는 수백~1000년 된 고차수古茶樹에서 난다. 야생에 가까운 고목 차나무에서 난 것이어서 찻잎이 크고 향이 깊어 보이차의 향과 맛의 풍미가 깊다.

이렇게 많은 차 종류 가운데 자연의 미덕을 원형의 모습으로 전해주는 차는 단연 녹차다. 홍차나 우롱차가 생겨난 과정을 보면 산화된 차반발효차와 홍차의 종류는 모두 녹차를 만드는 과정에서 파생된 것이다. 또 보이차는 녹차가 나오기 훨씬 전인 제다 초기의 조잡한 단계에서 만들어진 것이다. 이런 점을 감안할 때 차의 숭고한 용도인 '다도'를 수행하는 차는 자연의 이법을 가장 잘 전해주는 녹차라고 할 수 있다.

# 곡절과
# 좌절

지나친 친절은 곧 사기다

제다공방 터 닦기가 가르쳐준 교훈

산주 속이고 아름드리 육송 다 베어 간 벌채꾼들

신청한 사람 따로 챙겨간 사람 따로

불발탄의 출현과 곡성 탈출

혹한 속 이사와 장애인 부부의 눈 속 사투

서울 찍고, 다시 곡성으로

토호들의 복마전과 곡성군정감시모임

# 지나친 친절은
# 곧 사기다

'과공비례過恭非禮'라는 말이 있다. 지나친 공손은 예의에 벗어난다는 뜻이겠다. '지나침'에는 다른 의도가 있기 때문이다. 이 말뜻이 실감 나는 일을 나는 산절로야생다원 일구는 과정에서 여러 번 겪었다. 그러한 내 경험에 비추어 '과공비례'라는 말을 '과공즉기過恭卽欺, 굳이 풀이하자면 '지나친 친절은 곧 사기다'가 될 것이다'라고 바꾸면 앞으로 귀농 귀촌할 도시 사람들께 도움이 될 것이라 생각된다.

도시 사람이 생면부지의 땅으로 귀농 귀촌할 때 현지 사정에 어두운 것이 큰 약점이다. 이때 갑자기 별스럽게 친절히 접근해오는 사람이 있으면 경계하는 게 좋다. 친절이 오히려 부담스럽게 느껴지는 것은 요즘 우리의 삶이 경제적으로나 문화적으로나 너무 황폐해 진정한 친절이 사라진 탓이라고 할 수 있다. 그렇기에 시골에 가서 맞닥뜨리게 되는 이유 없이 지나친 친절을 예스럽게 '훈훈한 시골 인심' 정도로 받아들였다가는 대가를 치를 수가 있다. 특히 세상 물정을 이해타산으로 계산하기 쉬운 40~50대가 그렇게 다가올 때는 더 주의해야 한다. 그런 사람들은 대

183

개 얼굴 표정과 눈빛에 씌어 있다. 사람은 자기 마음을 속일 수는 없고 얼굴과 눈은 마음의 거울이라고 했다.

유학 4서의 하나인《중용》1장에 "희로애락이 발하지 않은 것을 중中 이라 하고 발하여 모두 절도에 맞는 것을 화和라 이르니, 중은 천하의 근 본이요 화는 천하의 공통된 도道"라 하였다. 조선 중기 퇴계와 율곡을 비 롯한 성리학자들이 벌인 사람의 마음에 관한 논쟁인 '사단칠정론'은 사 람의 감정인 희喜·노怒·애哀·구懼·애愛·오惡·욕慾의 칠정과 사단측은지 심, 수오지심, 사양지심, 시비지심을 선이냐 악이냐 선악이 섞인 것이냐, 그것이 어떤 경위로 나오는 것이냐로 토론한 것이다. 이때도 칠정이 발動하여 절도에 맞는 것은 선, 지나친 것은 악으로 보았다. 기뻐함 사랑함 인자함 자비스러움 등 좋은 감정이나 슬픔 미움 증오 등 나쁜 감정을 가릴 것 없이 상황에 맞는 감정이 상황에 맞게 정도껏 발동표현되면 선善이요 화 和요 천하의 달도達道이지만 그것이 지나치면 곧 악惡이라는 것이다. 그 러니 '친절'인들 그것이 터무니없이 발휘되면 필시 품은 저의가 있을 터 이다.

내가 일찍이 이런 '가르침'을 알았더라면 시골에 가서 인간에 의한 마 음의 상처나 경제적 손실을 훨씬 적게 당했거나 전혀 당하지 않았을 터 이다. 뒤늦게나마 그래서 '경經'이 성인들의 말씀이라는 사실에 수긍하 게 된다. 내가 당한 사기 또는 '이용'의 대표적인 사례는 곡성에 내려갈 무렵 낸《차 만드는 사람들》이라는 책에 나오는 사람들과의 만남에서 비롯된 것이다.

그 책에는 남도에서 수제차를 만드는 사람들, 차 관련 글을 쓰거나 차를 배우고 가르치는 일에 관계하는 사람들, 차 도구를 만드는 사람들이 소개돼 있다. 내가 본격적으로 산절로야생다원 일구기에 나서기 전에 차 만드는 일을 배울 겸 취재한 대상들이다. 그중에 몇몇 사람을 만난 일이 '과공즉기過恭卽欺'에 해당한다.

곡성군 오곡면 봉조리 폐교 자리에 있는 농촌체험학교에서 마을 노인 한 사람과 함께 가마솥을 걸고 막 제다를 시작했을 때이다. 한밤중에 50대 초의 부부가 연락도 없이 찾아왔다. 큰 보따리를 풀어놓는데 구수하고 걸쭉한 냄새가 풍겨 나왔다. 묵은 김치와 돼지고기를 뚝뚝 썰어 넣고 끓인 찌개를 솥째 들고 온 것이었다. 라면으로 끼니를 때우던 터라 눈물이 날 뻔했다. "존경하는 기자님께서 손수 차를 덖고 계신다고 해서 도와드리러 왔다"면서 내가 '기자'인 점에 유난히 초점을 맞췄다. 시골구석에서 차를 덖는다고 신문에 낸 것도 아닌데 어떻게 알고 김치찌개까지 끓여 무겁게 이고 지고 산골짜기까지 나를 찾아와준 '세심함'이 더 이상 자초지종을 물어볼 생각을 거두어갔다. 그 부부는 재회를 기약하고 밤늦게 돌아갔다.

며칠 뒤 물건을 구하러 광주에 나간 김에 그 부부를 광주관광호텔 커피숍에서 만났다. 나더러 간절한 부탁을 하나 들어달라고 했다. 수년째 녹차를 만들어 홍보 겸 전라남도 일대의 절에 공양을 했으나 얻어먹을 줄만 알았지 어느 중 하나 차를 사는 자가 없어서 업종을 바꿨다고 했다. 그 부부가 찾아낸 새 업종은 이른바 산야초로써 대용차를 만드는 것이었다. 지금처럼 너나없이 산천을 휘저어 닥치는 대로 초목을 훑어다가 효소니 뭐니 '만병통치약'을 만드는 풍조가 막 고개를 들 무렵이어서 그 나름 '선발 주자'에 해당되는 일이었다. 그러나 아직 홍보가 안 돼 집 안 가득 퇴비처럼 쌓아두었으니 신문에 한 번만 기사화해달라는 것이었다. 감동의 김치찌개를 얻어먹은 빚도 있겠다, 그 부부가 만든다는 무슨 차라는 것이 굳이 나쁠 것도 없겠다는 생각이 들어 그 부탁을 들어주기로 했다. 며칠 뒤 그 부부가 잎을 따는 현장에 가서 사진을 찍고 〈한겨레신문〉 주말 '여행' 면에 전면 컬러 기사로 실었다.

그다음 주 월요일 10시 무렵 그 댁 부인이 전화를 해왔다. 썩 크게 보였던 입이 귀에 걸린 목소리였다. 아침부터 감당할 수 없을 정도로 전국에서 주문 전화가 온다는 것이었다. 일주일 뒤, 몇 년째 못 팔고 창고에 쌓아두었던 'ㅇㅇ차'라는 것이 다 팔렸다고 했다. 자신들의 아파트에 방 하나를 치워두었으니 나더러 매주 내려올 때마다 와서 자고 먹고 하라고 했다. 그렇게 하여 주말에 간혹 그 집에 묵게 되었는데, 부부는 내가 만든 산절로야생차를 팔아줄 터이니 전부 자기 집으로 가져오라고 했다. 한편 산절로야생다원 터를 찾으러 다니는 일에 길동무도 해줄 겸 부인이 동행을 자처하고 나섰다. 땅 구하러 다니는 길에서 더욱 가까워져서 부인이 야생차 사업을 동업하자고 제안하며 5000만 원을 투자하겠다고 했다.

곡성에서 땅을 계약하는 날 그 부부는 나타나지 않았다. 전화를 했더니 모든 걸 나에게 위임한다고 했다. 일주일 뒤 나는 야생다원 전체 땅값에 부인이 먼저 제시한 투자 액수 비율을 산정하여 동업 지분 비율을 제시하였다. 내 말이 끝나기도 전에 부인은 "당신은 인간도 아니야!" 하고 전화를 끊었다. 그것이 그 부부와 관계의 끝이었다. 그 부인이 악 쓴 표면적 이유를 군이 생각해보자면 동업 지분을 투자액에 관계없이 5대 5로 하지 않았다는 것이겠고, 뭔가 다른 진짜 이유가 있는 것 같았다. 그 일 이후 나는 '멀쩡하던 쥐가 비틀거리면 쥐약을 먹은 것이고, 온전한 사람이 갑자기 이상한 언동을 하면 '쥐약'에 버금가는 그럴 만한 사연이 있는 것'이라는 사실을 인식하게 되었다.

며칠 뒤 나는 산절로야생차가 납품돼 판매되고 있는 '초록마을' 홈페이지에 들어가 봤다. 거기에 그 부부가 만든 녹차가 산절로 차보다 한 통에 5000원씩 싸게 들어가 있었다. '초록마을'은 내가 다니는 한겨레신문사가 운영하는 것이어서 나는 그 부부가 만든 대용차가 납품되도록 알선해주었었다. 부부는 그 틈을 이용하여 산절로 차와 경쟁이 되는 자기들의 녹차를 5000원 싸게 넣었던 모양이다.

일 년쯤 뒤, 회원이 꽤 많다는 한 사이버 단체 홈페이지에 우연히 들어가 봤다. 거기에 쇼핑 코너가 있는데 홍보 동영상들과 함께 녹차를 비롯하여 그들이 내놓은 차 및 여러 상품 이름이 올라 있었다. 동영상을 보니 부부 중 한 사람이 20년 넘게 야생차를 만들고 있다는 주장을 하면서 야생차의 달인이 된 듯한 멘트를 매우 수줍고 선량하기 그지없는 표정으로 날리고 있었다. 나는 '글쓰기' 란에 그 부부에게 안부 전하는 글을 남겼다.

그날 저녁 남편으로부터 전화가 걸려왔다. 살가운 목소리로 곡성 내 아파트로 찾아오겠다고 했다. 나는 바빠서 밤늦게 들어가니 오지 말라고 하고 곡성 톨게이트에 차를 세워두고 시간을 보냈다. 밤 12시가 지나자 부부의 차가 빠져나갔다. 며칠을 그런 일이 계속되었다. 그러다가 어느 날 내가 피곤에 떨어져 자고 있는데 부부가 찾아왔다. "최 기자님 덕분에 오늘날 우리가 여기까지 왔다"면서 "섭섭한 일이 있으면 풀자"고 했다. 나는 산절로 판 돈을 돌려줄 것, 그들의 차를 '초록마을'에 산절로보다 5000원 싸게 납품한 일에 대해 사과하고 거두어들일 것을 요구했다. 이튿날 남편으로부터 전화가 왔다. 산절로 잔금 100만 원을 송금했고 '초록마을' 건을 해결했다는 것이었다. 산절로 잔금은 1000만 원 이상인데 왜 100만 원만 보냈냐고 따졌더니 일단 송금했으니 그것으로 끝내자고 하고 전화를 끊었다. 일단 송금한 근거를 남겼다는 얘기 같았다.

내가 안부 글 한 줄 올린 일로 왜 그들 부부가 황급히 나를 찾아 왔으며, 나에게 진 부담을 왜 급히 해결하려 했을까? 그 답은 간단했다. 그 부부가 위 단체 홈쇼핑에 물건을 내어 '노 나는' 호황을 누리고 있을 즈음에 내 글이 올라온 것이고, 이는 그 부부가 그 홈쇼핑에 들어갈 때 내가 그들을 위해 써서 전면 컬러로 실린 기사가 절대적인 신뢰 역할을 했을 것이라는 사실과 연결된다. "혹 저 이가 '딴 소리' 하는 글이라도 올린다면…!?" 하고 화들짝 놀랐을 것이다. 일 년 뒤 들은 얘기로는 그 부부가 떼돈을 벌어 광주 근교에 고래등 같은 한옥을 지었다고 했다. 돈은 그렇게 버는 게 아니기에 돈 벌기가 힘들고, 웬만한 사람들은 돈 버는 일에서 고생하지만 보람을 느낄 것이다. 《논어》 공자 말씀에 '부돈와 귀함은 사람들이 바라는 것이지만 정상적인 방법으로 얻지 않았으면 갖지 않는다富與貴 是人之所欲也 不以其道 得之 不處也'라 말했다. '부당한 방법으로 부귀를 탐하는 것은 반사회적 저급한 자가 하는 짓'이라는 것이다.

《차 만드는 사람들》에 나온 사람들 가운데 비슷한 사례가 더 있다. 한 사람은 칠십을 바라보는 나이에 서울 모 여대 대학원 차 관련 학과에 강사로도 나가고 광주 차계에서는 자칭 원로 행세를 한다는 여성이었는데, 나를 "동생~ 동생~" 하면서 함께 식사하는 자리에서는 밥을 떠먹여주는 시늉까지 했다. 어느 날 광주에서 꽤 부잣집에 나를 데려가서 일박하도록 알선해주고 이튿날 나를 데리러 와 주인 부부와 밥을 먹는 '점잖은' 자리에서, 자신이 내 책에 기고한 글에 동양화를 삽화로 붙여야 한다면서 잘 아는 광주의 화가를 소개해줄 테니 날짜를 정하라고 넌지시 제안을 했다. 그 화가가 술을 좋아하니 내려올 때 좋은 술 한 병만 선물로 가져오면 된다는 말도 덧붙였다. 나는 그 일주일 뒤 주문대로 괜찮은 술 한 병을 들고 그 사람을 따라 화가 집을 찾아갔다. 화가는 책에 들어가는 삽화 정도는 별 힘 안 들고, 자신을 알리는 일이기도 해서 그냥 와도 될 텐데 뭘 이런 걸 들고 왔느냐고 핀잔을 했다. 일주일 뒤 '소개인'이 전화를 했다. 그림을 받아두었는데 참 잘 그렸다고 하면서, 화가가 그렇게 말은 해도 최소한의 '운필료'가 필요하니 100만 원을 보내라고 했다. 돈을 보내지 않으면 자신의 글도 빼겠다고 윽박지르는 바람에 책 출간일이 빠듯한 상황이라 돈을 부쳐주었다. 과연 100만 원 중 몇 푼이 그 화가에게 전달되기나 했을지…. 지금 생각하니 화가나 나나 '그 방면'에 노회한 노파의 봉이었던 셈이다.

노자 《도덕경》 79장에 "천도무친天道無親 상여선인常與善人, 즉 자연의 이치는 편애함이 없으나별 감정이 없어 보이나 항상 착한 사람과 함께한다"고 했다. 하늘이 선량한 사람과 인면수심을 각각 어떻게 대할지를 알려주는 이치다. 《중용》 '성심誠心' 장에 '인지시기 여견폐간연 차위 성어중

형어외 고군자 필신기독야人之視己 如見肺肝然 此謂 誠於中 形於外 故君子必愼其獨也 즉, (평소의 성품과 언행을 감추고 착한 척 하더라도) 남이 그를 알아보기를 그 사람의 폐와 간을 들여다보듯 한다. 이를 일러 (참된) 마음은 밖으로 드러난다고 한다. 고로 군자는 (남과 있을 때는 물론) 홀로 있을 때 스스로 신중해야 한다'고 했다. '과공즉기過恭卽欺'이니 '과공'의 얼굴을 식별하라 는 말이겠다.

　세상에 그런 사람만 널려 있다면 자기들끼리 잡아먹는 혈투를 벌인 끝에 세상이 일찍이 결딴나고 새 세상이 도래했을 법한데 그렇지 않은 것은 세상엔 또 착한 사람이 더러 있기 때문일 것이다. 이처럼 몇몇 흉 측한 인간 군상이 나오는《차 만드는 사람들》에 '찻상과 한국 차실의 창 시자'로 소개된 농암 박봉규 선생은 예나 지금이나 가난하게 살고 있다. 그러나 그이의 얼굴은 늘 온화함과 인자함으로 가득 차 있다. 남들이 가 지 않는 '장인의 길'에 진심과 창의와 열정을 쏟는 일로 성취감을 느끼 고 즐거움을 누리는 터일 것이다.

# 제다공방 터 닦기가
# 가르쳐준 교훈

2005년 가을, 산절로야생다원 맞은 편, 호곡나루 위쪽에 2만 평의 임야를 샀다. 제2의 산절로야생다원과 산절로제다 공방 터로 쓰기 위해서였다. 저만치 섬진강이 내려다보이는 남향 땅이어서 전망이 좋고 겨울에도 햇볕이 깊숙이 드는 곳이었다. 이 땅은 원래 어떤 문중 소유였는데, 그 문중 어른들이 편의상 어린 종손 이 아무개 개인 이름으로 등기를 해두었던 모양이다. 잔금 치르는 날 등기상 소유주인 이 씨에게 돈을 건네주려고 복덕방에 갔더니 난리가 벌어질 기세였다. 여든이 훨씬 넘어 보이는 문중 노인과 이 씨가 돈에 먼저 손이 닿는 사람이 임자라는 식으로 돈을 지불할 나를 두고 쟁탈전을 벌인 참이었다. 문중의 실질적 소유권의 대표성을 주장하는 노인과 명목상 소유주인 이 씨는 7000만 원이라는 돈 앞에 넋이 나가 있었다. 7000만 원이면 당시 곡성읍에서 30평대 아파트 두 채 값이었다.

남향과 강 가까이에 있다는 사실 외에 가파르고 돌이 많아서 조상 대대로 별 쓸모없이 세월에 던져져 있던 그 산을 거금을 주고 사겠다니,

갑자기 조상들이 일확천금을 하늘에서 떨어뜨려 주는 것으로 환각에 취할 만했다. 이 씨 문중의 노인과 손자뻘 젊은이가 좁은 복덕방 사무실에서 쫓고 쫓기는 서부 활극의 한 중간에서 나는 가까스로 도장을 쥔 젊은이에게 잔금을 치렀다. 닭 쫓다 지붕 쳐다보는 신세가 된 노인은 자신이 신고 있던 장화를 벗어 별 나이 차가 안 나는 복덕방 주인 재서 아저씨에게 집어 던지며 "이 죽일 놈아~!" 하고 악을 썼다. 이런 좋지 않은 사연을 걸고 사들인 그 땅은 그 뒤에도 몇 가지 일로 나를 괴롭혔다.

첫째는 집터를 닦는 석축 일이었다. 나는 섬진강변 폐교에서 차 관련 일을 하고 있는 한 승려의 소개로 최 아무개라는 업자에게 석축 일과 관정 파는 일을 맡겼다. 그런데 최 씨는 관정 파는 일을 다른 사람에게 재하청을 주었고 그 사람도 직접 관정을 파는 사람은 아니어서 재재하청으로 관정업자를 불러왔다. 들판에 관정 하나 파는 데 업주인 나로부터 3단계를 거치게 되었으니 그사이에 값이 얼마나 불려졌겠는가. 이게 다 맨 처음 해보는 일의 미숙함이 야기한 '당하기'의 연속이었다.

나는 시한을 정해 일을 맡겼으니 그들의 처분을 구경하는 수밖에 없었다. 관정 파는 비용은 600만 원을 달라고 했다. 나중에 알고 보니 관정 자리는 자기들 편의를 우선하여 관정 굴착기가 접근하기에 좋은 자리를 택했다. 굴착을 시작하여 60미터 정도를 파니 물이 분수처럼 치솟았다. 그런데 아무리 생각해도 공사비가 비싼 것 같아서 곡성읍내에 있는 관정업자에게 물어봤더니 소관정은 200만 원, 100미터 이내의 중관정은 300~400만 원이라고 했다. 관정 일이 끝난 뒤 관정업자를 찾았더니 사무실이 고흥에 있었다. 중간에 있는 사람들최 씨와 최 씨의 하청업자이 관정을 파는 이틀 사이에 200만 원을 그냥 삼킨 것으로 드러났다. 곡성 업자를 놔두고 멀리 고흥에서 관정업자를 부른 것은 바가지 씌우기를 감추기 위한 술책이었다.

사달은 이어 석축하는 일에서 벌어졌다. 석축 전문가라고 했던 최 씨는 석공들을 알선하는 거간꾼에 불과했다. 나는 어쩐지 불안해서 예전에 시골집을 많이 지어본 경험이 있다는 읍내 노인들에게 석축 쌓는 일에 대해서 물어보았다. 산을 헐어내고 석축을 쌓을 때는 석축 돌과 절개면 사이에 잔 돌을 많이 넣으면서 석축을 쌓으라고 했다. 나는 그 말을 그대로 최 씨에게 전했다. 그리고 틈나는 대로 석축 현장에서 석축 면 뒤에 잔돌을 많이 넣으라고 직접 채근을 했다. 그러나 시종 현장을 지켜보며 확인, 감독하지 않은 게 탈이었다.

2006년 봄 해동이 되어 산비탈면에서 얼었다 녹은 흙이 부서져 내리면서 석축은 주저함이 없이 몽땅 내려앉았다. 최 씨에게 전화를 했다. 그러나 바쁘다, 몸이 아파 누워 있다 등의 핑계로 코빼기를 비추지 않았다. 얼마 전 있었던 간벌 사건 교훈이 뒤늦게 생각났다. 간벌업자가 기계톱기름 살 돈이 없다고 엄살을 부려 도중에 200만 원을 받아낸 뒤 종적을 감춘 사건이었다. 아무리 엄살을 부려도 돈을 도중에 주어서는 안 되며 일이 끝난 뒤에도 하자 보수를 예비하여 잔금을 남겨두어야 한다는 것을 알고 있었지만, 총액이 얼마 안 되는 공사이고 소개해준 사람제다교육원 승려 체면을 생각해서 잔금을 다 줘버린 것이 화근이었다.

나는 수소문하여 다른 업자를 구했다. 그 역시 직접 석축을 쌓는 업자가 아니라 석공을 부리는 거간이었다. 중간에 소개해준 사람의 보증과 일을 깔끔하게 하겠다는 업자의 다짐을 받고 일을 맡겼다. 업자는 포클레인과 석공, 석공 보조를 불러 석축 일을 시작했다. 한창 일이 진척되어 가기에 안심을 하고 있었는데 일주일쯤 될 무렵 업자가 나타나지 않았다. 중간에 소개시켜 준 사람을 통해 빨리 오라고 윽박질렀으나 감감무소식이었다. 흥분이 가라앉고 잊을 만한 기간인 한 달쯤 지난 뒤에 전화가 왔다. "무조건 미안하다"고만 했다. 나는 계약금으로 준 돈 200만 원은 비싼 수업료 겸 떼인 셈 치고 석공과 포클레인을 직접 감독하여 일을 하기로 했다. 그렇게 하여 8, 9월 한창 찌는 더위 속에 석축 일을 마쳤다. 한 순간도 빼지 않고 보고 서서 확인을 하며 석축 뒷면에 잔돌을 많이 넣도록 했다. 그때 쌓은 석축은 그 뒤로 무너지거나 변형되는 일이 없다.

다음 일은 제다공방 설계를 하는 데서 터졌다. 나는 순천의 아는 사람에게 내 사정을 설명하고, 자기 일처럼 애정을 갖고 설계를 해줄 사람을 소개해달라고 했다. 순천에서 제일 좋다는 고등학교와 서울대 건축과를 나와 순천 시청 옆에 설계사무소를 둔 40대 중반의 ㅇ 아무개였다. 그는 조수와 함께 현장을 돌아보고 야생차 제다를 위한 전통차 제다공방에 관한 설명을 들었다. 나는 건축 잡지나 전원주택 잡지 표지에 날 수 있게 예쁜 집을 지어달라고 부탁했다. 그는 설계비를 800만 원60평 건물으로 책정하고 계약금으로 400만 원을 먼저 주고 잔금 400만 원은 설계도를 넘겨줄 때 달라고 했다. 일류 학교를 나온 사람이라는 것과 중간에 소개해준 사람을 믿고 하자는 대로 했다.

보름 뒤 그의 조수가 설계도를 가지고 왔기에 잔금을 주고받았다. 다른 설계사무소에서 들은 바가 있어서 컴퓨터시뮬레이션으로 실제에 가

1    관정 파기
2    석축 쌓기
3    제다공방 터 다지기

까운 가상 집 모습과 건축 상황을 점검해보자고 했더니 그는 난색을 나타냈다. 설계도상의 집 모양은 지붕이 인천국제공항처럼 돔 모양이어서 전통차 제다공방 개념에 맞지 않았다. 산비탈에 60평을 앉히는 것이 너무 크다는 부담감도 들었다. 처음 집을 지어보는 나 대신 여러 상황을 잘 감안하여 모든 걸 적절히 제안해달라고 했던 내 기대와는 좀 먼 듯한 결과라고 생각됐다.

나는 일주일 동안 고민을 한 뒤 20평 정도를 줄여서 다른 모습으로 설계를 한 번 더 해달라고 부탁했다. 이후 ○ 씨는 서울에서 내려오지 않고 그의 조수가 모든 일을 아마 최초 설계도도 했다. 나는 조수가 ○ 씨의 지시대로 하는 것이려니 생각했다. 그는 이번엔 400만 원의 설계비를 내라고 했다. 좀 깎아달라고 했으나 안 된다고 해서 선불로 200만 원을 주었다. 일주일 뒤 두 번째 설계도가 나왔다. 잔금 200만 원을 줬다. 그대로 짓겠다고 했더니 그는 곡성군청 건설과에 신고를 하러 갔다. 3일 뒤 다시 설계도를 들고 찾아온 그 조수의 얼굴이 굳어 있었다. 면적이 약간 초과되어 건축 허가 신고가 거부되었다고 했다. 앞쪽 지붕을 터서 우선 면적을 규정에 맞도록 하고 준공 뒤 지붕 튼 부분을 다시 이어 덮자고 했다. 나는 그러면 집이 병신이 되는 것 아니냐, 이대로는 집을 짓기 싫으니 설계비 반은 내달라고 했다. 그는 그럴 수는 없다고 하면서 가버렸다. 먹살 잡고 싸울 수도 없는 일이었다.

관정 파는 일로부터 석축 쌓기, 제다공방 설계에 이르기까지에서 '당하기' 연속의 비싼 수업료를 낸 학업 결과는 이렇게 정리할 수 있다.

1. 아무리 친한 사람이 소개한 업자라도 절대 믿지 말아야 한다(시골에서 소개자와 업자 사이엔 필히 소개 수수료가 개입된다).
2. 계약금은 미리 주지 않거나 법정 금액 이상을 절대로 주지 않아야 한다(업자가 중간에 '죽는 소리'를 하며 선불을 요구하면 공사를 그만두라고 할 명분과 준비를 해둬야 한다).
3. 계약서는 공증을 하고, 계약금만큼의 진척이 나기 전에 업자가 사라지지 못하도록 담보를 마련하는 게 좋다.
4. 잔금은 필히 하자 보수비(전체 대금의 15퍼센트)를 남기고 주고, 충분한 기간을 통해 점검하여 하자가 없음을 확인한 뒤 나머지를 지불한다.

# 산주 속이고
## 아름드리 육송 다 베어 간
## 벌채꾼들

 산절로야생다원 차나무들이 한 살 조금 넘은 2005년 3월 하순, 나는 지난가을에 구해둔 차 씨로 보식補植하는 일을 했다. 참을 먹던 아주머니 한 분이 "아무리 야생이라지만 지가 안 살던 곳에 와서 힘들 텐데 갑갑한 나무들이나 좀 베어주지"라고 말했다. 나는 이제 시골 아주머니들이 흘리듯 하는 농사 얘기가 여느 농과대학 교수의 논문 못지않은 원리와 현장 철학이 깃들어 있음을 익히 알고 있었다. 그렇다.《다경》에 나와 있는 대로, 그리고 내가 남도 야생차밭 탐사에서 본 것처럼, '햇볕이 잘 드는 계곡 숲 그늘'의 원리에 맞게 너무 그늘진 곳, 나무가 칙칙하게 우거진 곳은 어느 정도 햇볕이 들어오게 해주자. 다원 곳곳에 들어선 리키다소나무숲이 문제였다.

그러나 차나무가 돋아나 한창 자라고 있는 도중에 간벌을 한다는 게 간단한 문제가 아니라는 생각이 들었다. 우선 간벌이라는 걸 한 번도 해본 적이 없어서 어떤 절차를 거쳐야 하는지를 몰랐다. 군청 산림과에 물어봤다. 원칙적으로 간벌 목적, 면적, 수량 등을 기재한 영림 계획서와 간벌 허가 신청서를 내어 허가를 얻어야 하지만, 리키다소나무의 경우는 구두 신고만 하고 베어내도 괜찮다고 했다. 그 이유를 나중에 알아보니 리키다소나무는 땔감 외에 아무 짝에도 쓸 수가 없기 때문이었다. 그러고 보면 한국 온 산 천지에 빽빽하게 들어서 있는 그 많은 리키다소나무들은 다 어쩌란 말인가? 한 치 눈앞도 내다보지 못하고 '빨리빨리주의'에 내몰린 1960년대 '산림녹화'의 폐해가 후손들의 눈앞에 그대로 펼쳐지고 있는 것이다.

내가 초등학교에 다닐 때 해마다 4월 5일 식목일에 책보에 도시락 걸쳐 매고 전교생이 동원되어 산림녹화했던 나무가 바로 이 리키다소나무다. 나무 벌채 경험이 많은 읍내 노인들에게 리키다소나무에 대해 물어보았다. 리키다소나무는 일본에서 개발된 속성종으로서 번식 생장력이 강해 헐벗은 산을 금방 푸르게 할 수는 있다. 그러나 강한 독성으로 다른 나무들을 얼씬못하게 하여 아예 산을 독점한다. 벌채 인부들이 오전에 리키다소나무를 베는 기계톱질을 하면 리키다소나무가 뿜어대는 강한 냄새에 머리가 멍하고 몸이 흐물흐물해져서 오후엔 일을 못하게 된다고 한다.

곡성과 순천 등 산간 지방엔 기계톱을 부리는 것으로 먹고 사는 전문 간벌꾼이 있다. 어떤 골프장 업자가 그 간벌꾼을 소개해줬다. 간벌꾼은 리키다소나무 숲 앞에 종이를 깔고 북어 소주 사과 몇 개를 얹어놓고 절을 했다. 베어낼 나무들의 영혼을 위로하고 무자비하게 톱질하는 죄를 용서받고자 하는 것이라고 했다. 100년 이상 된 큰 나무를 벨 때는 "어명이요~!"라고 외친다고 했다. 벌채꾼은 나무에 영혼이 있다고 믿고 있는 것이다. 어느 책에서 읽은 기억이 생각났다. 벌채꾼의 기계톱 소리가 울리기 시작하면 벌채당하는 나무들은 수십 킬로미터 떨어져 있는 동료 나무들에게도 위기 상황을 알린다고.

산절로제2다원 간벌을 위해 앞의 골프장 업자가 간벌꾼 또 한 사람을 소개해줬다. 그는 조수 한 명을 데리고 나타났다. 벌채는 일주일간 하고, 임금은 벌채한 나무를 가져가는 것으로 대신하기로 구두 계약을 했다. 벌채꾼은 집으로 돌아갈 때는 언제나 갤로퍼 뒷자리에 가득 통나무를 싣고 갔다. 어차피 실어낼 나무려니 하고 관심을 두지 않았다. 그런데 나중에 보니 참나무를 실어내는 것이었다. 벌채하라는 리키다소나무 대신 표고버섯 재배목으로 쓰는 참나무를 눈속임으로 베어다가 팔아먹는 것이었다. 3일째 되는 날 아침, 그가 전화를 했다. 갑자기 돈이 떨어져 기계톱 기름을 살 수가 없으니 200만 원만 융통해달라는 것이었다. 이런 게 울며 겨자 먹기라는 생각이 들었다. 벌채 일을 중단할 수 없는 산주의 사정을 이용한 것이었다. 200만 원을 받아가고 벌채꾼은 더 이상 나타나지 않았다. 며칠 뒤 그와 함께 벌채를 했던 정 아무개가 나에게 전화를 했다. 자기가 책임지고 나머지 벌채를 하고 벤 나무를 말끔히 치워주는 일까지 하겠으니 벤 나무를 모두 자기에게 달라고 제안했다. 마다할 이유가 없었다.

정 아무개는 여러 사업을 거쳐 최근에는 새우 양식업을 하다 실패한 사람이었는데 유달리 언변이 좋았다. 자연식, 산길 내기, 새우 양식, 야생화 재배 등 다방면에 자칭 박사였다. 그는 주로 바닥에 나뒹구는 벌채목을 짐 져내는 일을 했다. 50대 후반의 나이에 힘겨운 노동을 하는 게 어쩐지 그것이 목적인 것 같지는 않았다. 무거운 나무를 메고 내려오다가 힘에 겨워 어린 차나무 위에 내동댕이치는 일이 잦은 것이 더욱 그랬다. 그때마다 내 가슴이 탔다. 차나무를 더 잘 살리기 위한 간벌이 어린 차나무를 뭉개버리는 일이 되다니…. 그런 정 아무개의 일이 진도가 빠를 리가 없었다. 그러면서도 그는 나만 보이면 다가와서 살갑게 말을 붙이곤 했다. 나는 그에게 섬진강 건너편 계곡 깊숙이 들어 있는 3만 평의 산도 약간의 지원을 받아 야생다원을 만들 예정인데 간벌이 필요하다고 말했다. 그 산엔 50년 이상 된 아름드리 육송 숲이 울창했다. 그는 기다렸다는 듯, 돈 들일 필요 없이 자기가 해주겠다고 했다. 그에게 그 말을 한 것이 나중에 큰 재앙이 되었다.

그런데 건너편 산 간벌보다 지금 하고 있는 벌채 일이 계속 지연되고 있었다. 이러다 장마가 오면 건너편 산 간벌은 할 수가 없게 된다. 나는 정 아무개에게 자꾸 일정을 물어봤다. 이쪽 산은 이미 간벌이 끝나고 치우는 일만 남았으니 건너편 산으로 가자고 했으나 정 아무개는 매우 느긋한 표정으로 그럴 필요가 없다고 했다. 이쪽 산 나무를 치우는 게 더 급하다고 하면서도 나무 치우는 일에 속도를 내지 않았다. 일부러 시간을 끄는 것 같았다. 그러다가 일주일이 지난날 나는 건너편 산에 가보겠다고 하고 혼자 호곡나루를 건넜다. 건너편 나루터에 처음 보는 사람이 나를 반갑게 맞아주었다. 그가 간벌 전문꾼인 순천 주안 사람 최아무개로 정 아무개와 한 패라는 사실은 나중에 알게 되었다. 그는 "산 일이 잘되고 있다"고 물어보지도 않은 말에 대답하며 짐짓 나를 안심시켰다. 무슨 일이 잘되고 있단 말인가? 내가 산 쪽으로 들어가려고 하니 그가 한

눈 뜨고 코 베이는 일은 시골이라고 예외가 아니다

사코 앞을 막으며 거의 베었으니 가볼 필요가 없다고 했다. 나는 눈에서 천불이 났다. 산으로 달려갔다. 그 많던 3만 평의 육송 숲이 사라지고 산이 맨 벌거숭이가 되어 있었다. 이런 도둑놈들! 입에서 저절로 고함이 터져 나왔다. 직업적으로 남의 산 나무를 벌채하는 전문꾼인 정과 최의 합작 모의에 당한 일이었다.

내가 이런 얘기를 여기에 글로 남기는 것은, 앞으로 누구라도 귀농 귀촌을 꿈꾸는 도시인이 당할 수도 있는 일이기 때문이다. 시골에는 원칙과 상식과 도덕보다는 수단 방법을 가리지 않고 이기심을 채우는 것을 가치판단의 기준으로 삼는 자가 적지 않다. 일단 저질러놓고 보자는 게 그들의 수법이었다. 아름드리 육송들이 나자빠져 있는 꼴은 참혹했다. 그러나 그 산에 야생다원 조성이 지원 사업으로 확정된 것이어서 정해진 기간 안에 소나무들을 치우는 게 급선무였다. 정과 최는 그 상황을 최대한 이용해 보자는 기색이었다. 그러나 당시는 전국적으로 소나무 재선충이 퍼지고 있어서 육송을 베어 다른 곳으로 옮겨내는 것은 원천적으로 금지돼 있었다.

최 아무개는 군청 산림과의 육송 반출 허가를 얻어오는 데 자신 있다고 말했다. 무식하면 저렇게 용감한가? 혀를 내두를 지경이었다. 하나님이 해도 안 될 일을 자신 있다니…. 소나무 옮겨내는 일에서 손을 떼라고 했더니 최는 무릎을 꿇다시피 하며 애걸했다. 빨리 실어내지 않으면 소나무가 썩게 되고 그러면 자기는 포클레인 기름값도 못 건져서 망하게 된다는 것이었다.

나는 그에게 육송을 남벌한 일에 모든 책임을 지겠다는 공증 각서와 함께 그가 자신 있다는 군청 산림과의 육송 반출 허가서를 얻어오라고 했다. 이틀 뒤 그는 희희낙락한 얼굴로 보란 듯이 공증 각서와 육송 반출 허가서를 나에게 내밀었다. 최와 그를 뒤에서 사주한 정, 그리고 육송 반출 허가서를 내준 군청 산림과 관계자 등 3인은 참 대단한 사람들이라는 생각이 들었다. 나중에 보니 최는 내 산에서 베어간 육송 재목들을 송광사 들머리<sub>호남고속도로 주안 나들목 앞 삼거리</sub> 공터에 산더미처럼 쌓아놓고 팔아먹고 있었다. 전국적인 현상인지는 알 수 없으나 곡성과 순천<sub>주암</sub> 일대는 이때 이렇게 거짓말, 속임수, 불법, 어거지, 공권력과 짠 비리가 판을 치는 '법과 언론의 사각지대'였다. 눈 뜨고 있는데도 코 베어 가는 자들이 활개 치고 있었다.

# 신청한 사람 따로
# 챙겨간 사람 따로

곡성에 내려온 지 2년째 되는 2004년 가을, 곡성군 산림계장이 나에게 전화를 했다. 내가 다른 곳에서 하지 않는 야생차를 하려는 모습에서 착상을 했는지, 도전라남도에 야생다원 조성 지원금 신청서를 내보라는 것이었다. 유난히 신경 써주는(?) 산림계장이 고마웠다. 여느 지자체와 마찬가지로 당시 농업기술센터에 귀농 지원 제도가 있으나 누구 하나 알려주지 않는 게 곡성군 농업기술센터 관계자들의 귀농 업무 실태였다.

나는 내가 하려는 야생다원 조성이라는 일이 공무원이 봤을 때 이야기거리가 되는 모양이라고 생각했다. 곡성군청을 거쳐 전남도청으로 올라갈 신청서를 쓰면서 안면이 있는 전남도청 고위 관계자에게 전화를 하여 신청서의 취지를 설명하고 가치가 인정되면 규정에 맞는 범위 안에서 채택이 되도록 도와달라고 부탁했다. 그는 도에서도 권장할 수 있는 내용이라고 말하고 두고 보자고 했다.

어쨌든 차 대안 운동으로서 야생차를 하게 된 동기, 친환경 농산물

을 찾는 웰빙 시대에 대표적 웰빙 식품
의 하나인 차를 야생으로 해야 할 당위
성, 산지인 곡성에 맞는 적합성 등을 적
어 도지사 앞으로 가는 지원금 신청서를

◥ 이때 낸 신청서의 내용이 얼마 뒤 전남도 농산과의 '야생차 유적 보존 사업 추진 계획'으로 둔갑돼 전라남도의 보도 자료를 통해 기사화되었다.

작성하여 산림계장에게 주었다. 산림계장이 부탁한 일이고, 곡성군수를
경유하여 도지사에게 가는 것이므로 산림계장에게 주면 될 일이었다.
당시 곡성군수는 오랜 농협 운동 경력이 있는 농촌 문제 전문가여서 내
가 곡성에 와서 순수 야생차를 하겠다는 취지를 이해하고 도에 추천서
를 붙여 올려줄 것이라고 생각했다. 그리고는 한동안 그 일을 까마득하
게 잊고 지냈다.

이듬해 초 어느 날, 산림계장이 전화를 걸어왔다. 지난가을에 낸 지원
금 신청서가 전남도에 받아들여져 4000만 원의 지원금이 확보되었다는
것이다. 그 말만 하고는 어떤 절차를 거쳐 지원금을 받아다가 어떻게 사
용하라는 등에 대해서는 아무 말도 하지 않고 전화를 끊었다. 언젠가 곧
다시 상세한 내용을 알려주는 전화가 오겠지 하고 잊고 있는 사이 한 달
이 지났다. 다 된 일로 생각하여 추가로 필요한 '로비'를 하지 않고 방심
한 게 탈이었다.

군청에 전화를 걸었다. "규정에 따라 우선권이 있는 다른 사람에게 주
었습니다!" 산림계장의 대답은 간단명료 단호했다. 누가 내 지원금을 가
져갔는지, 우선권은 무엇인지 물었다. 곡성 관내에서 '한 자리'를 역임한
적이 있어서 '머리깨나 쓰는 사람'으로 통하는 아무개편의상 이하 '돈 씨'로 부
름의 ○○이 타갔는데, 그 타간 사람이 임업 후계자라는 것이었다. 임업

후계자 관련 정보는 인터넷에 있었다. 나이 50살 이하, 임야 1만 5000평 이상 소유자. 나중에 다른 경로로 알아보니 돈 씨는 나이가 50살이 넘었으므로 50이 안 된 그의 ○○이 이참에 임업 후계자가 되어 그 돈을 가져간 것이었다. 돈 씨가 소유한 임야를 그의 ○○에게 판 것처럼 위장한 것으로 짐작되었다. 임업 후계자도 임야가 있다고 해서 저절로 되는 것은 아니다. 당사자가 군청 산림과에 신청을 하면 산림과에서 임야 경영 실적을 심의하여 자격을 부여한다. 당시 상황을 보면 그 돈을 차지하기 위해, 또는 그 돈을 주기 위해 양쪽이 협의하여 임야 경영 실적이 전무한 이른바 '쌩 산'에 대해 임업 후계자 신청과 결정이 속전속결로 이루어진 것으로 보였다. 남이 사흘 낮밤을 골머리 써서 신청해 얻어온 지원금을 챙겨 간 데다가, 산림청에서 임업인의 임야 매입 대금으로 지원하는 저리 융자금까지 받을 수 있는 조건을 갖추게 된<sub>갖추게 해준</sub> '작전'이었음이 명약관화<sub>明若觀火</sub>했다.

　이 정도면 군청 공무원과 군민 간 우호의 돈독함이 눈물겹다고나 할까? 타 지역 출신 귀농인이 고생하여 따 온 지원금을 털도 안 뽑고 삼킨 돈 씨네의 경우, 순발력과 지모와 로비력은, 대부분의 주민들이 그런 잔꾀와 정보가 없어서 순박하고 가난하게 살고 있는 산골 마을에서는 금메달감이었다. 당시 곡성에는 '지원금 도사'가 많았다. 2006년에는 산림계장이 산림청으로부터 산림 클러스터 사업 자금 250억 원을 따 왔다고 자랑하고 다녔는데, 몇몇 사람에게 산양삼 재배 지원금으로 개인당 많게는 수억 원씩 흥청망청 주거니 받거니(?) 한 결과 쇠고랑을 찬 사람도 있었다. 그러나 이때도 '지원금 도사'들은 다 빠져나갔다. 달리 '도사'가 아니라 구비 서류 챙기는 데 도사다. 가난하지만 성실하고 부지런하며 정직한 사람들의 앞날을 도와주는 지원금이 아니라, 먹고살 만한 기득권자, 수십 억대 부자 농임업인, 잔머리 잘 굴리는 '꾼'들을 더욱 비만병에 걸리게 하는 것이 당시 곡성군 산림 부문 지원금 제도 시행의 한 실상이었다.

앞 얘기로 돌아가서, 돌이켜보니 돈 씨와 나는 얼마 전 기막힌 사연이 있었다. 내가 곡성에 야생차를 하겠다고 들어올 당시 제다를 하려면 지자체 관련 부서에서 식품 제조 영업 허가를 얻도록 돼 있었다. 아직 곡성에 집이 없던 터라 허가 조건인 제다 장소 마련은 남의 집을 빌려야 했다. 마침 아는 사람 소개로 여러 채의 건물을 갖고 있는 돈 씨를 찾아가게 되었다. 1시간 남짓, 시골에 내려와서 야생차를 하게 된 연유, 야생차 사업의 이점, 찾아온 목적 등을 설명했다. 귀가 빠져라 경청한(?) 돈 씨는 흔쾌히 건물을 빌려주겠다고 했다. 야생차의 중요성을 경청하고 외지인의 딱한 사정을 안아준 돈 씨의 마음씨에 감격하여 '룰루랄라' 하며 곡성군청 민원실로 신청서를 내러 직행했다. 민원실 문을 열고 들어가는 순간 나에게 돈 씨를 소개해준 사람으로부터 전화가 왔다. 돈 씨가 그사이에 갑자기 말 못 할 사정이 생겨서 건물 빌려주기가 어렵게 되었다면서 직접 전화하기가 미안하여 대신 알려주라고 했다는 것이다. 나에게 그 말을 전하는 그도 어리둥절한 기색이었다. 이 일이 내가 신청한 지원금을 돈 씨네가 먼저 챙겨간 사건과 연결될 줄은 그땐 몰랐다.

몇 달 뒤, 돈 씨가 산림과에서 또 다른 지원금을 받아내서 자기 산에 차 씨앗을 심었다는 말이 들려왔다. 어느 날 길에서 그를 만났더니 "선배님 잘 좀 가르쳐주세요"라고 인사를 했다. 나는 그때나 지금이나 내 짧은 야생차 지식을 돈 씨에게 얼마든지 가르쳐줄 용의가 있다. 돈 씨와 산림계장이 '짜고 친' 고스톱은 따져봤자 개과천선 효과가 있을 리 만무하다. 나처럼 당하는 일이 없도록 하기 위해 이 글을 쓰는 것이므로. 내가 곡성에 들어오면서 곡성에 일시 야생차 붐이 일어났고, 그러다 보니 그런 얌체 병이 발병했을 것이라고 생각하면 그만이다. 돈 씨의 열성대로라면 지금쯤 곡성에서 '돈 씨 표 야생차'가 곡성의 명물로서 전국적 명성을 얻고 있을 법하다. 그러나 그런 일은 없고 앞으로도 있을 리 만무해 보인다.

야생차를 제대로 하려면 우선 차의 덕성을 좇아 마음을 비우는 일이 전제 조건이다. 그런 다음 오랜 기간 각고의 고민과 육체적 연마를 통해 야생차 생태 및 제다법을 체득해야 한다. 야생차가 만족할 만한 돈벌이가 되지 못한다는 사실은 돈에 밝은 돈 씨류의 사람들이 더 잘 알 것이다. 그런 사람들의 목적은 야생차 농사 같은 지겨운 일이 아니라 지원금 등 돈 챙기는 일일 것이다. 돈 씨의 마음이 돈으로 가득 차 있다면 마음을 비우는 게 선결 조건인 야생차 일을 돈 씨가 잘해낼 가능성은 낙타가 바늘구멍 들어가기만큼이다. 돈 씨의 부지런함, 순발력, 뛰어난 지모가 야생차 만드는 일에 부어졌다면 지금쯤 곡성에서는 '곡성 명물 야생차'의 탄생과 함께 돈 씨를 '야생차 명인'으로 지정해야 한다는 군민 여론이 드높았어야 한다.

# 불발탄의 출현과
# 곡성 탈출

"당신 돈 많지! 달라는 대로 주겠소?"

곡성에 내려와 세 번째 겨울이 다가오던 2006년 늦가을 추석 무렵 어느 날 저녁 9시쯤이었다. 곡성읍에서 가까운 곳에 사는 아무개이하 나중에 알게 된 그의 별명에 따라 '불발탄'이라 함가 전화를 걸어왔다. 그는 내 전화번호를 어떻게 알았느냐 정도는 궁금한 사항에 끼지도 못한다는 듯 나에 관한 세세한 정보를 들이대는 '압박'으로 말을 시작했다. 내가 곡성에 내려와 혼자 있다는 것, 고향이 어디라는 것, 나이, 기자 전력, 자기가 짐작한 내 자본 규모와 내가 곡성에 와서 벌이고 있는 일 등을 읊어댔다. 특히 〈한겨레신문〉 기자를 한 것도 잘 알고 있다!"고 힘주어 말했는데, 그것은 월급 적은 신문사에서 사회 목탁 구실을 하느라 고생한다는 위로의 뜻이 아니고, '월급 받는' 직업을 가졌던 사실을 강조하는 것이거나 "그만큼 철저히 뒷조사를 했다"는 엄포로 들렸다. 거기에 "곡성에 와서 돈 많이 벌었겠다"고 비아냥대기까지 해 상대에게 모멸감과 함께 어떤 암시를 주려고 애쓰는 모습이었다.

내게 말할 기회를 주지 않고 이말 저말 횡설수설 폭언 난사가 30분가량 이어졌다. 결론은 돈을 달라는 것이었다. 내가 새로 사들인 산에 야생다원을 조성하려고 포클레인을 불러 기존에 있던 길을 좀 다듬은 일이 있었다. 길가에 있는 잡목 몇 그루를 걷어내고 산에서 굴러 내린 돌들을 정리하여 1톤 트럭이 다니도록 하는 일이었다. 그런데 그 길 끄트머리 쪽에 송이가 나는 산이 있어서 불발탄이 그것을 거두는데, 내가 낸 길로 사람들이 들어와 그것을 따갔으니 변상하라는 것이었다. 원래 있던 길을 좀 더 다니기 편하게 낸 것이어서 애초부터 거기에 송이가 나는 줄 알고 다니던 사람들이 좀 더 편하게 들어갔는지는 모르나, 길을 다듬은 것 때문에 안 따갈 송이를 따갔다는 것인지, 물어볼 틈을 주지 않고 막무가내 내질러서 일방적으로 기정사실화하는 게 불발탄의 솜씨였다. 그리고 며칠 몇 시까지 읍내 다방으로 나오라고 말하고 전화를 끊었다.

나는 불발탄의 말투와 꼼꼼한 준비로 보아 그 '명령'을 어겼다가는 혈혈단신 낯모르는 시골 땅에서 어떤 황당한 고통을 더 당할지 몰라 나오라는 다방으로 갔다. 한쪽 구석에 담배 연기를 천장에 유난히 거세게 내뿜고 있는 60대 중반의 불발탄이 와 있었다. 소주 냄새를 풍기며 연신 담배 연기를 이번에는 내 쪽으로 뿜어대더니 전화에서와 똑같은 내용으로 또다시 30분가량 '훈계'와 '질타'를 가했다. 이번에 추가된 내용은 "군청 산림과에도 알려두었다"는 것이었다. 무엇 때문에 군청에 연락을 했다는 것인지는 모르겠으나 곡성읍에서 가장 센 권력기관이자 '허가' 기관인 군청에 연락했다는 말이 심상치 않게 들렸다. 야생다원 조성 및 곡성군의 산림 사업 지원 시책에 관한 얘기도 했다. 내가 하고 있는 일이

트집 잡을 구석이 있음을 다 알고 있다는 암시였다.

나는 내가 잘못한 게 분명하다면 변상을 해주겠다고 했다. 그는 나에게 돈 많으냐고 물으면서 얼마든지 내라고 하면 내겠느냐고 윽박질렀다. 그리고 한참을 진지하게 생각하더니 "1000만 원만 내라!"고 했다. 계산 근거 따위를 물으면 산통이 다 깨질 거라는 암시는 방금 전 "군청에 알려 두었다"는 말에서 연상이 됐다. 불발탄은 하루빨리 해결할 것을 다그치며 크고 번쩍거리는 검정색 오토바이로 굉음과 함께 사라졌다.

이튿날 아침 일찍 곡성군청 산림계장이 전화를 했다. "빨리 '그 민원'을 해결하라"는 것이었다. 그렇지 않으면 자기들이 괴로워서 '산림 훼손' 혐의로 고발할 수밖에 없다는 것이었다. 산림과의 허가를 받아 한 일이지만 포클레인으로 길을 다듬으면서 잡목 몇 그루 다치게 하고 자연석 일부를 옆으로 치웠어도 산림 훼손은 산림 훼손인 모양이었다.

그날 오후 또다시 산림계장이 전화를 해왔다. 이번에는 '기자의 압력'을 호소하는 내용이었다. 점심 먹고 오다가 길에서 자기 동창인 광주○○신문 곡성 주재 기자를 만났는데 "너는 왜 최성민을 봐주느냐?"고 따지더라며, "똥이 무서워서 피하는 게 아니잖냐"는 조언까지 곁들였다. 그 길로 봉투에 ○○만 원을 담아 신문보급소 사무실로 '똥'을 덮으러 갔다.

그로부터 한 3일쯤 지났을까? 저녁 늦게 불발탄으로부터 전화가 왔다. 늦가을, 이제 산에 다니기도 지쳤고 똑같은 모습이 3년째 되풀이되는 섬진강 모습이 왠지 식상하게 느껴지고, 눈 씻고 보아도 이야기 붙여 볼 만한 사람 하나 찾기 어려워서 가만있어도 무료함과 처량함이 밀려오는 때 하필이면 꼭 늦은 저녁 시간에, 터지기 직전에 부시럭거리는 듯

한 불발탄의 소리를 듣는다는 건 대체 무슨 형벌인가 싶었다. 불발탄은 다짜고짜 나를 다방으로 나오라고 했다. 나를 절대적으로 범인 취급하는 마당이니 내 사정이나 일정은 물어볼 필요 없다는 태도였다.

그는 전과 똑같은 내용의 훈계를 전과 똑같이 취한 기색으로 연신 담배 연기를 내 얼굴로 뿜어대며 똑같은 시간인 30분 동안 퍼부어댔다. 나는 1000만 원은 너무 많으니 좀 깎자고 했다. 그는 "현찰을 가지고 와서 얘기하라!"는 말을 남기고 나가버렸다.

불발탄의 인내 기간은 늘 3일이었다. 또 전화가 왔다. "돈이 됐냐?"고 물었다. 나는 미리 '합의서'를 써두었다. 내용은 "불발탄은 ○○○으로부터 일금 몇 백 만 원을 받았으므로 더 이상 문제 제기를 하지 않겠으며, ○○○의 일에 최대한 협조하겠다"는 것이었다. 불발탄의 협조를 받을 일도 없고 그를 두 번 다시 만난다는 것조차 끔찍한 일이었지만 "최대한 협조하겠다"는 말을 넣은 것은 더 이상의 해코지 빌미를 없애기 위해서였다.

30분 동안 불발탄의 군히기성 훈계를 들은 뒤, 30분 가까이 주머니 속에 든 현금 봉투를 만지작거리는 시늉을 하다가 합의서와 함께 돈 봉투를 내놓았다. 순간 불발탄의 표정은 180도 달라졌다. 언제부터 그렇게 다정한 친구였는지 온순하고 살가운 얘기를 속삭이더니 담배 한 대를 기분 좋게 피워 마시며 그 크고 빛나는 검정 오토바이의 가속 페달을 더욱 담대하게 밟고 사라졌다.

나중에 마을 노인 한 분에게 이 사건을 이야기했다. 그분 말은 그 산에서 고작해야 송이가 100만 원어치도 못 나오는데, 더군다나 그해2006

년엔 흉작이어서 거둘 것도 없었다는 것이었다. 또 불발탄이 타고 다니는 검정 오토바이는 전에 타고 다니던 작은 오토바이로 어떤 차를 일부러 들이박는 위장 사고를 일으켜 갈취해낸 돈으로 산 것이라고 했다.

그날 저녁 늦게 집에 들어오니 하필이면 '소말리아 해적' 뉴스가 나왔다. 나는 이후 곡성에서 두문불출하게 되면서 우울증에 걸리다시피 하여 그해 겨울 혹한 속에서 서둘러 곡성을 떠나 광주로 이사했고, 결국은 전 직장 재취업을 독촉하여 서울로 올라오게 되었다. 3년 쯤 뒤엔 불발탄과 비슷한 사람이 암에 걸려 죽었다는 소식이 들려왔다.

# 혹한 속 이사와
## 장애인 부부의 눈 속 사투

8, 9월의 찌는 더위 속에 업자들에게 몇 차례 속고 바가지를 쓴 뒤에 직접 석축 공사 감독을 하다 보니 체력이 한계에 부딪쳤다. 무더위에 일에 너무 몰두하고 감정이 격해지는 일을 당해서인지 입맛을 잃었다. 아침에 미숫가루 한 사발을 들이키고 점심은 업자들과 비빔밥으로 때우고 저녁엔 파김치가 되어 들어와 씻기가 무섭게 곯아떨어지면 새벽이었다.

2006년 가을, 나는 가을 햇볕에 사람을 쏘는 독소가 들어 있음을 감지했다. 석축을 마친 제다공방 터는 섬진강 호곡나루가 내려다보이는 남향 산마루여서 전망과 햇살이 무척 좋았다. 그러나 누렇게 쇠한 가을 햇볕인데도 나에게는 너무 따갑게 느껴지고 기운을 죄다 말리려는 듯 속살로 파고드는 것 같았다. 여름의 심신 과로로 기운이 쇠잔했기 때문이라고 생각했다.

거기에다가 '불발탄'의 직업적 돈 뜯어내기 협박에 300만 원을 갈취당한 일은 귀농, 귀촌, 전원생활, 시골 살이라는 단어에 염증을 느끼게 했다. 아니 그것은 한겨울에도 섬진강 강바람을 친구 삼아 산절로야생다원에 올라 다녔던 곡성 살이의 애정을 단번에 날려버렸다.

온몸을 죄어 말리는 듯한 가을 햇볕이 싫고 더불어 섬진강 강바람이 싫고 산절로야생다원에 가서 보는 것들이 전과 달리 지겹게 느껴졌다. 그리고 추위와 함께 겨울이 다가왔다. 섬진강을 두르고 있는 곡성에선 겨울에 일주일 중 반은 안개가 끼여 오전 11시쯤 되어야 걷힌다. 누구 하나 답답함을 토로할 이야기 상대가 없었다. 눈앞이 막막하게만 느껴졌다. 아무 생각도 아무 일도 하기 싫었다. 밥 먹는 일도 싫어져서 점점 식욕이 떨어지고 체중이 줄어갔다. 눈뜬 현실이 괴롭고 잠들면 그것을 잊을 수 있었으나 새벽 4시가 되면 잠이 깨고 낮잠도 깊지 않았다. 우울증에 걸리지 않으면 정상이 아니라고 할 정도의 상황이 그렇게 지속됐다.

2007년 1월 초가 되자 세 든 아파트가 팔렸다면서 1월 15일까지 집을 비우라고 했다. 시골에서는 법정 계약 기간도 소용없다. 집주인이 비우라고 하면 비워야 한다. 신혼부부가 전세금을 안고 사서 들어올 예정이라는데 남의 신혼 출발을 방해해서도 안 될 일이었다. 계약 내용이나 절차를 따져봤자 입만 아프고, 주인이 이돈 저돈 끌어들여 빚잔치로 산 아파트에서 전세금이라도 탈없이 내준다는 걸 고마워해야 했다.

그러나 이사철도 아닌 엄동설한 보름 동안에 다른 아파트를 구할 수 있을까? 당시 곡성 읍내엔 아파트다운 아파트는 두 동밖에 없었다. 서너 군데의 복덕방 모두를 쑤시고 다녔지만 해결책이 없었다. 비어 있는 단독주택 몇 곳을 둘러보았지만 귀신이 나올 지경이었다. 귀농을 꿈꾸는 사람들이 시골 빈집을 수리하여 들어가겠다는 생각을 하는 것은 적극 말려야 한다는 생각이 들었다. 시골집은 좋은 것이라고 해야 새마을운동 하던 6, 70년대에 졸속으로 지은 것들인데, 15~20평 안팎의 작은 규모이고 집이 비어 있을 정도라면 이미 사람이 살던 기운이 쇠하여 들어가는 순간 사기邪氣가 사람을 밀어냄을 느낄 수 있다. 그런 집은 수리비가 새로 짓는 비용보다 더 든다.

집 구하기 사흘째 되던 날, 복덕방에서 전화가 왔다. 도림아파트에 한 집이 났으니 가보자고 했다. 젊은 부부가 갓난애와 함께 살고 있었다. 곡성 사람 남편은 휠체어를 타는 중증 장애인, 부인은 한족 여성이었는데 북경대 수학과를 나왔다고 자신을 소개했다. 사진을 보니 외국 여성과 장애인의 결혼을 추진하는 어떤 단체의 사업에 의해 단체로 결혼한 것이었다. 그들은 잠깐 집을 보여주고 서둘러 폐지 수집하러 나가야 한다고 했다. 남편은 휠체어를 타고, 부인은 아기를 업고 눈발 날리는 추위 속으로 갔다. 그게 그 부부의 생업인 것 같았다. 눈이 어찌나 많이 왔는지 성한 사람이 걸어 다니기도 조심스러웠다. 나는 그 부부의 모습에 가슴이 막히는 느낌이 들어 집 얻는 일은 까맣게 잊어버리고 무심코 그들을 뒤따랐다. 같은 방향이니 함께 가면서 도와주겠다고 했다. 부부는 골목을 드나들며 구멍가게와 슈퍼마켓에서 내놓은 라면 박스 등 빈 종이상자들을 모아서 납작하게 펴 휠체어에 매 단 작은 수레에 실었다. 그러다 남편이 병이 발작하여 가슴을 움켜잡고 휠체어에서 떨어져 눈 위에 나뒹굴었다. 부인이 등을 두드려주며 서툰 한국말로 남편을 위로하고 챙겼다. 아기는 등에서 더 보채고….

나는 날마다 안개가 끼어 음침하기 이를 데 없고 유난히 춥게 느껴지는 곡성을 떠나기로 마음먹었다. 광주 쪽을 알아보니 새로 개발된 신평 지구에 빈 아파트가 많았다. 서둘러 이사를 했다. 그러나 거기에도 문제가 기다리고 있었다. 개발 중인 단지라서 시장이나 변변한 식당이 없었다. 이야기할 상대가 없기는 곡성보다 더했다. 순간순간 막막함이 닥쳐오고 우울증 증세는 더 심해지는 것 같았다.

# 서울 찍고,
# 다시 곡성으로

곡성을 떠나 광주로 이사 오니 식사 문제, 시간 보내기 등 눈만 뜨면 문제투성이였다. 이런 현실을 잊는 것은 잠을 자는 것이 유일한 해결책이었다. 곡성에서의 악몽이 되살아나서 곡성 쪽을 쳐다보기도 싫었다. 광주의 몇몇 아는 이들에게 전화를 하면 모두 바쁜 눈치였다. 주말에 목사 동생이 목회를 열고 있는 목포 성약교회에 가는 것이 유일한 낙이었다. 그래도 포근한 표정의 사람들을 만나고 함께 밥을 먹고 이야기할 수 있다는 것이 위안이 되었다. 일주일에 하루라는 게 아쉬웠다.

야생다원 조성과 야생차 제다, 조상들이 누렸던 '자연의 차' 복원이라는 목적과 의미가 점점 퇴색돼가는 것 같았다. 차 일이라는 게 5월 한 달, 산절로야생다원은 야생이어서 사람 손질을 가할 필요가 없으니, 그날그날 일 없는 일상의 무료함이 나를 우울증으로 몰아넣는 것 같았다. 구제금융 사태 이후 얼마나 많은 사람이 나와 비슷한 상황을 겪었거나 겪고 있을까? 곡성역에서 막차를 타고 영등포역에 내렸을 때 역사 안에서 발 뿌리에 부딪치던 노숙자들의 모습이 생각났다.

이제 완전한 '곡성 탈출'의 때가 되었다고 생각했다. 참 묘한 일이다. 고등학교 때까지 시골 물에 절어 있다가 서울에 올라가 40년 가까운 세월, 시멘트 밀림과 매연의 늪을 빠져나오는 '서울 탈출', 꿈에 그리던 '도시 탈출'을 감행한 게 엊그제 같은데 어찌하여 이토록 빨리 반대의 상황에 처하게 되었는가. 서울에 있는, KBS의 한 은퇴 선배에게 SOS를 보냈다.

나는 원래 10.26의 총성이 울림으로써 민주주의가 불안한 기지개를 켜던 1979년 11월에 KBS에 기자로 들어가 '수습' 꼬리표가 막 떨어졌던 1980년 8월 전두환과 '쓰리 허' 등 군부 무리의 난동80년 언론대학살에 의해 강제 해직되었다. 그 후 '국민의 정부'와 '참여정부'를 거치면서 '민주화운동 관련자 보상 및 심의에 관한 법'이 제정되고 대통령 직속 '민주화운동 관련자 명예회복 및 보상심의위원회'가 설치되었다. 이에 따라 나와 같은 해직 기자 일부가 국가에 의해 '민주화 운동 관련자'로 인정되었고 '해직자 복직 권고법'이 제정되었다. 그 법에는 해직자에 대한 복직을 해당 언론사에 권고하는 조항과 "민주화 운동을 했다는 이유로 어떠한 인사상 불이익을 가해서는 안 된다"는 조항이 들어 있었다.

개인 사주가 있는 언론사는 몰라도 KBS 같은 공영방송은 민주화를 지향하는 노무현 정권 시기에 나와 같은 해직자를 원상 복귀시켜 타 언론사의 선도 역할을 하는 것이 지당한 일이었다. 당시 KBS 사장은 그 역시 〈동아일보〉에서 강제 해직을 당하고 내가 다니던 〈한겨레신문〉에서 함께 근무했던 정연주 전 〈한겨레신문〉 논설 주간이었다. 그분이 KBS

사장이 되면서 거의 동시에 이 법이 제정되자 나는 2003년 말 KBS 복직을 기대하며 〈한겨레신문〉에서 희망퇴직하였다. 그러나 그분은 같은 동아방송·〈동아일보〉 해직 기자이면서 〈한겨레신문〉에 함께 있었던 동료와 선배가 나의 복직을 요구했으나 차일피일 미루기를 2년이 넘도록 했다. 내 구조 요청(?)을 받은 선배는 KBS에서 공정 보도 투쟁을 하다 핍박을 당한 소수 선배 그룹의 한 분으로서 정연주 사장의 KBS 운영과 관련하여 중요한 자리에 있었다. 얼마 뒤 정 사장과 KBS가 나를 복직시키기로 했다는 소식이 왔다. 창살 없는 감옥과 같은 일상을 보내고 있던 2007년 6월의 일이다.

그러나 KBS 쪽이 나에게 제시한 조건은 원상 복구 복직이 아니라 '특채'라는 도깨비 같은 것이었다. 복직을 시키면 80년의 강제 해직이 부당 해고임을 인정하는 것 이어서 그동안 밀린 최소한의 급여를 주어야 하는데, 그것이 사내 정서에 맞지 않는다는 것이 KBS 인사부서에서 내세우는 이유였다. 나는 당시 정치적 상황으로 보아 한나라당에 차기 정권을 갖다 바칠 것이 거의 확실하다고 판단하고 특채를 받아들이기로 했다. 원상 복구 복직은 일단 KBS에 들어가서 관철하겠다고 했더니 KBS 인사부는 그 말을 취소하라는 조건을 또다시 달았다.

> 법적으로는 이미 부당 해고로 판명되어 '민주화 운동 관련자 보상 및 심의에 관한 법'과 복직 권고법이 새로 제정되었던 것이다.

2007년 7월, 27년 만에 KBS에 돌아오니 그나마 낯익은 선배들의 얼굴은 보이지 않고 입사 동기도 나보다 나이가 많은 사람들은 정년 퇴임을 한 뒤였다. 처음 보는 후배들이 머리가 희끗희끗한 중견이 되어 있었다. 분명히 엊그제 같은데? 중간에 싹둑 잘려나간 27년이라는 세월이 강

찻잎도 사람과 교감한다. 잡초를 뽑아주거나 잎을 쓰다듬어주면
한층 생기가 솟아나 반들거린다

압하는 정신적 아노미 현상에 중심을 잡기가 어려웠다.

　그해2007년 여름이 열을 더해가던 8월 초, 내 기억에서 한동안 물러나
있던 산절로야생다원에 갔다. '잡초의 세상'이었다. 때가 잡목 잡초의 전
성기인 녹음의 때인지라 그럴 만도 했지만, 어쨌든 산절로야생다원의
주인공은 더 이상 차나무가 아니었다.

　그동안 내가 자주 다닐 때는 마냥 싱싱한 기운으로 하늘을 향하는 것

만 같던 차나무들이 풀죽은 기색이 역력했다. 식물은 사방을 휘젓고 옮겨 다니는 사람이나 동물보다 생존 본능 감각이 훨씬 예민할 수도 있다. 한곳에 뿌리를 박고 이동하지 못하면서 목숨을 지키고 자손을 퍼뜨려야 하니 방어기제와 소통 체계가 동물들과는 비교가 안될 만큼 좋을 수도 있을 텐데, 우리가 그것을 식별하지 못하는 것은 아닌가? 어쨌든 지금 산절로야생다원 차나무들이 예상치 못했을 정도로 기가 죽어 있는 모습은 그동안 내가 발길을 끊은 탓이 크다고 생각했다. 그런 생각을 하면서 길가에 있는 차나무들 곁으로 몇 번이나 왔다 갔다 하면서 가지와 이파리들을 쓰다듬어주고 차나무들을 성가시게 하는 산딸기나무와 청미래덩굴을 뽑아주었다. 밖으로 나오면서 보니 차나무들이 한결 반짝거리는 잎을 세우고 좋아하는 것 같았다.

집에 돌아와 '잡초 세상' 산절로야생다원의 모습을 떠올리니 '포기'라는 말이 자꾸 생각났다. 이제 다시 서울에 직장도 구했는데, '나쁜 시골 사람들'에게 시달리고 업자들의 농간을 뒤집어쓰면서도 자연의 이법에 가까이 가보려는 힘겨운 길을 꼭 가야만 할 것인가? 그런 생각을 할수록 산절로야생다원은 나에게서 멀어져갔다.

그러다 두 달 뒤인 10월 말, 정금을 딸 겸 산절로야생다원에 다시 갔다. 상강霜降이 지나 기운이 쇠해진 잡초 더미 사이로 차나무들이 드러나 있었다. 이제 주인공 자리를 되찾게 된 듯 차나무들이 나를 반기는 모습으로 다가왔다. 특히 지난 초여름 내가 특별히 가지를 여러 번 쓰다듬어주고 곁에 난 산딸기나무와 청미래덩굴을 뽑아주었던 곳의 차나무는 그렇지 않은 길가의 차나무에 비해 눈에 띄게 생기발랄하고 몸집이 불어

나 있었다. 차나무가 나와 교감을 하여 내가 그들에게 보내는 정성을 인지하고 있다는 확신이 들었다. '포기'라는 말을 잠시 접고 내년 봄엔 다시 본격적으로 차나무에 정성을 쏟아볼 작정을 하였다.

# 토호들의 복마전과
# 곡성군정감시모임 ✑

내 경험상 어느 곳에 가든 귀농·귀촌인이 현장에서 부딪치는 모순과 부조리는 상상을 초월하리라고 생각한다. 귀농 귀촌 실패 사례의 대부분은 현장 적응 문제에서 비롯된다. 현장의 모순에 동화해 퇴화돼버릴 것인가, 그것을 극복해 소기의 나은 삶을 살 것인가, 아니면 경우에 따라 '양다리 걸치기'를 할 것인가? 도시의 문명화된 시스템과 조직의 원칙, 그리고 언론의 감시와 시민사회의 목소리가 통하는 곳에서 살아왔던 사람들은 시골 오지로 갈수록 눈뜨면 만나게 되는 '(인간)관계'가 자신의 시계보다는 수십 년 이전으로 돌려져 있다는 사실을 미리 알고 가는 게 좋다. 심지어 농담을 함부로 했다가는 나중에 그것이 빌미가 되어 역공이나 피해를 당할 수도 있다. 시골에서는 사람들의 관심을 끄는 일이 드물어서 이방인의 일거수일투족은 늘 좋은 눈요깃감이 된다. 그렇기에 귀촌·귀농인은 언동에 무척 신중해야 한다. 귀농 현장에서는 옳고 그름보다는 이해타산이 선악 판단의 기준일 경우가 많다. 공적인 일에 있어서도 그렇다. 아래 이야기는 내가 겪은 실화로서 이 같은 상황을 이해하는 데 도움이 되리라 싶어 적어본다.

지자체장 선거가 다가오던 무렵인 2010년 5월 나는 곡성 현지에 살고 있거나 곡성 출신인 사람, 곡성과 인연이 있는 사람들과 함께 곡성군정 감시주민모임이하 군정감시모임을 결성하였다. 조용하고 편하게 전원생활을 즐기지 않고 왜 진흙탕에 끼어드느냐고 질책하는 사람도 있었다. 자신의 경험 및 양심과 관련된 심각한 일을 못 본 척하고 양심을 억누른다는 게 얼마나 큰 고통인지는 겪어본 사람은 잘 알리라.

내가 곡성에서 겪은 '눈뜨고 볼 수 없는' 각종 비리 행태는 언론과 사법 정의가 어느 정도 살아 있는 서울 등 대도시에서는 상상할 수 없는 정도였다. 그러나 곡성과 같은 지자체에서는 워낙 만성적인 것이라서 그런지 이상하게 받아들이는 사람이 별로 없었다. 관행화된 것이고 '관행은 그저 그런대로 통하는 것'이라는 인식이 주민들 사이에 퍼져 있었다. 주민들의 그런 인식 수준이 곡성과 같은 시골 오지를 '부정·비리·가난'이라는 대물림의 불행으로 몰아넣는 원인이라는 생각이 들었다.

군정감시모임 결성식이 열리던 날 곡성 영운천변에 있는 '우리식당'은 미어지다시피 했다. 처음 보는 사람도 많았다. 소문을 듣고 왔다는 사람까지 30명이 넘었다. 거기에 곡성 출신으로서 서울 등 외지에 나가 있는 사람, 내가 근무하던 KBS의 동료 기자 피디 작가 등 20여 명을 더해 회원이 50명 안팎이 되었다. 기대를 넘는 인원이 모인 것은 선거를 한 달 앞둔 때여서 곡성 군정에 대한 관심과 불만이 많았기 때문이었다. 나중에 알았지만 일부는 특정 후보를 지지하는 사람들이었는데 군정감시모임이 당시 현직 군수의 실정을 비판해주기를 기대해서 온 것이었다.

군정감시모임은 목표를 곡성 군정의 비리 지적 비판, 대안 제시, 사이비 기자 및 권언유착 척결, 토호 비리 척결 등으로 정하고 활동에 들어갔다. 활동은 주로 곡성군청 참여게시판에 글 올리는 것과 시위를 통한 여론 조성 등으로 하고 글 게재는 일단 기자 출신인 내가 맡기로 했다. 얼마 뒤 나는 곡성읍으로부터 곡성읍주민자치위원회 언론 부문 고문으로 위촉받기도 했다.

군정감시모임 활동은 마땅히 군정 비리를 비판하는 일로 시작되었는데 선거철 개시와 더불어 군정 개혁을 이룰 수 있는 군수를 뽑아야 한다는 주장으로 이어졌으므로 현직 군수에겐 불리하게 보일 수 있었다. 또 당시 '정권 교체'에 대한 군민들의 기대도 컸었다.

우여곡절 끝에 2010년 6월 선거로 곡성군 군수가 바뀌었다. 새로 당선된 군수에 대해 군민들과 더불어 군정감시모임의 기대도 컸다. 그러나 기대가 기울어지는 데에는 시간이 걸리지 않았다.

군정감시모임이 신임 군수 취임 이후 군정 비판을 계속하자 여기저기서 방해 공작이 들어오기 시작했다. 군정감시모임 결성 모임에 적극 참여했던 몇몇 사람은 군정감시모임을 비난하며 공격을 해오기도 했다. 방해 공작은 주로 군정감시모임 활동이 이루어지던 곡성군청 참여게시판에서 나타났다. 군정감시모임 준비 모임에 참여했던 한두 사람과 지역 기자※ 몇 사람이 그 역할을 맡았다. 그들은 내가 글을 올리면 댓글이나 반박 글을 달았는데, 본질보다는 사실 왜곡이나 허위 사실로 나를 음해하는 인신공격에 주력했다.

※ 사실은 정규 기자라기보다는 본업을 따로 운영하고 있으니 '부업 기자' 또는 '알바 기자'라고 하는 게 정확하다.

그해 11월 무렵, 그중 한 사람이 곡성경찰서에 내가 자신의 명예를 훼손했다는 진정서를 냈다. 나는 조사받으러 내려가면서 그가 곡성군청 참여게시판에 나를 향해 올린 음해성 글을 한 보따리 갖다주었다. 그해 12월 31일 그는 잘못했다고 사과하는 글을 올렸다. 그러나 이듬해 초, 그는 지난 번 사과는 자신의 진의와 달리 주위에서 권해서 한 것이라면서 사과를 번복하고 나에 대한 음해 공격을 재개했다. 그 뒤에 그와 그의 동료들뒤에 나오는 '곡성 3인방'은 몇 차례 걸쳐서 또 나를 곡성경찰서에 고소진정했다. 나도 대응 차원에서 그들을 곡성경찰서에 진정했으나 곡성경찰서는 그들을 모두 무혐의 처리해주었다.

그러던 중 2011년 6월 어느 날, 곡성군 참여게시판에서 그들과 함께 집요하게 나를 공격했던 한 사람이 두툼한 서류 봉투를 들고 서울에 있는 나를 찾아왔다. 점잖게 사과를 하고 말하기를 '곡성 3인방'이 나를 표적 공격하기 위해 곡성군청으로부터 산림 사업 보조금 신청 서류에 들어 있는 개인 정보 등 내 신상 자료를 빼내어 자기에게 활용하라고 건네주어서 한동안 그것에 현혹되었으나 그럴 일이 아니더라는 것이었다. 그는 그날 바로 곡성에 내려가 곡성군청 감사팀에 이런 사실을 신고했다.

곡성군청에서는 긴급 감사를 벌여 산림과와 농업기술센터에서 밖으로 유출되어서는 안 될 서류가 유출된 것을 밝혀내고 관계자들을 징계하였다. 산림과에서는 문제의 서류를 누가 복사해 갔는지와 함께 유출 경위도 밝혀냈다. 감사 결과를 근거로 나는 곡성경찰서에 '개인 정보 유출 및 그것에 의한 음해성 모욕과 명예훼손' 혐의에 대한 수사를 요청했다. 몇 개월에 걸쳐 수사가 이루어졌다.

'혹시나' 했으나 곡성경찰서의 수사 결과는 '역시나'였다. 곡성경찰서가 피의자곡성 3인방에 대해 무혐의 불기소 의견으로 검찰에 송치했다고 통보해왔다.

얼마 뒤 '곡성군·곡성 경찰·부업 기자·일부 곡성 토호권·경·언·토'의 '연합군'이 나와 군정감시모임을 상대로 일제히 총공세의 총구를 열었다. 먼저, 곡성을 매우 사랑하는 것처럼 행세하는 몇 사람, 곡성군청 발주 사업의 하청 또는 곡성군으로부터 자연물 채취 사업 허가 대상자, 곡성 3인방 등이 나를 피신청인으로 하여 광주지방법원에 '곡성군청 참여게시판 글 게재 금지 가처분 신청'이라는 걸 냈다. 신청인들 중에는 일부 이장과 주민도 있었다. 서류를 송달받고 확인해보니 이장들과 주민들은 아무것도 모르고 앞에 나오는 특정인들이 하라는 대로 서명했다고 했다. 가처분 신청은 바로 기각됐다.

이들이 벌인 2차 공격은 각개전투로 나를 고소하는 것이었다. 2년 동안 자기들과 공방한 글 가운데 내가 쓴 글만 모아 나를 명예훼손 또는 모욕 혐의로 일제히 걸고 나왔다. 이것도 모자라 이들은 또 곡성읍내 시장과 사람이 많이 다니는 몇 곳에 플래카드를 내걸었다. 7년 전에 완료된 산림 소득 지원 사업에 관한 자료를 곡성군청에 정보 공개 청구를 하고 기다리면서 나와 관련하여 무슨 비리가 있는 것처럼 보이도록 "중앙지 기자가 보조금이 웬 말이냐?-곡성군수는 보조금 정보를 공개하라!"는 문구였다. 이들은 플래카드 사진을 찍어 곡성군청 참여게시판에 '1차 폭로'라는 제목으로 올렸다. 나는 기자로서 보조금을 받은 것이 아니라 곡성 귀농인으로서 행정기관의 권유와 합법적인 절차에 따라 신청하고,

곡성군 농정심의위원회의 심사를 통과하여 규정에 따라 사업을 이행했고, 지금도 곡성에서 가장 모범적인 지원 사례로써 야생다원이 잘 조성돼 있고, 모범적 임야 경영 실적이 인정돼 곡성군으로부터 자영 독립가로 지정받았다"고 했으나 그들의 '작정한' 공세는 수그러들지 않았다. 같은 사진에 다른 음해성 글귀를 붙여 '2차 폭로'라고 또 올렸다. 내가 없는 사이에 읍사무소 직원을 앞세워 내가 세들어 사는 집과 방을 '수색'하기도 했다.

나는 다른 것은 웬만하면 참아왔지만 허위 사실로써 나를 음해하는 플래카드를 공공장소에 내걸고 사진까지 찍어 다시 곡성군청 참여게시판에 악성 글귀와 함께 올린 것은 악의가 지나치다고 판단하여 광주지검에 고소를 했다. 나는 고소장에 "절대 곡성경찰서에 내려 보내지 말고 광주지검에서 직접 조사해줄 것을 간청한다"고 썼다. 얼마 뒤 광주지검으로부터 피고소인에게 100만 원의 벌금을 부과하는 형사처벌을 했다는 통지서가 왔다.

이번에는 곡성 군정과 곡성경찰서의 연합작전으로 보이는 공격이 가해져왔다. 군정감시모임 활동이 한창일 때 산림 피해를 입었다는 ㄱ 씨가 쪽지를 들고 군정감시모임 강○○ 대표를 찾아왔다. 이전 산림과장과 법무사 사이의 통화 내용을 옆에서 듣고 적은 것이라고 하는데, 산림과 및 현직 군수의 비리와 관련될 수도 있는 것이었다.

한 달쯤 뒤 강 대표에게 피고소인 소환장이 날아왔다. 위 글에 간접 언급된 곡성군청 산림과 직원이 명예훼손으로 고소했다는 것이었다. 강 대표는 고소인에게 전화를 하여 사과하고 고소 취하를 부탁했다. 그 산림과 직원은 참여게시판에 정중한 사과문을 올리라고 요구했다. 그 요구에 응하자 일주일 뒤 그 고소인은 고소 취하서를 곡성경찰서에 냈다고 알려왔다. 그러나 곡성경찰서는 강 대표에게 계속 조사를 받으러 나오라고 재촉했다.

경찰서에 수차례 불려 갔다 온 강 대표가 나에게 전화를 했다. 경찰의 표적이 자신이 아니라 군청 참여게시판에 글 올리는 일을 맡은 나라고 했다. 고소인이 고소를 하기 전 앞의 '곡성 3인방' 중 한 사람이 고소인 집을 세 번이나 찾아가서 부추겼다는 말도 들었다고 했다. 고소 취하서가 곧바로 처리되지 않고 반려된 것도 고소인의 본의가 아닐 것이라고 했다. 이후 서울에 있는 나에게 또 수차례 곡성경찰서로부터 소환장이 왔다. 나는 앞으로도 계속될 그들의 공세에 대비해 아예 주민등록을 서울로 옮기기로 했다. 행정상 곡성 귀농을 포기하는 일이어서 마음이 아팠다.

곡성경찰서는 위 건과 관련하여 강 대표의 글을 대신 올려준 나, 강 대표, 그리고 처음 문제의 글을 가져왔던 ㄱ 씨를 피고소인으로 하여 '기소 의견'으로 광주지검에 송치했다. 광주지검은 고소 취하서가 제출되었던 사실을 알고 나중에 돌려주었더라도 일단 제출되는 순간 고소 취하가 성립된다고 판단하여 강 대표를 무혐의 처리했다. 그러나 강 대표의 부탁으로 대신 글을 올린 나와 글을 가져왔던 ㄱ 씨가 피고소인이 되었다. 그런데 재판 과정에서는 고소인들이 나에 대한 고소를 취하하여 ㄱ 씨만 남게 되었다.

저들이 각개전투로 나를 고소한 사건은 서울남부지검 조사 과정에서 내가 저들이 나를 음해한 글을 400여 쪽의 책으로 만들어 제출하자 상대가 고소를 취하하는 것으로 끝났다. 일련의 사건 이후 군정감시모임은 활동 방향을 재정비해 강화하기로 했다. 정상적인 사회에서는 볼 수 없는 이들 사건은 시골 지자체에서 행정 권력과 경찰 권력, 지역 사이비 언론, 토호 비리 세력 그리고 그들을 뒤에서 원격조종하는 '보이지 않는 손'이 얼마나 검은 결탁으로 깊게 맺어져 있는지를 잘 보여준 일이라고 하겠다. 동시에 지자체의 발전과 주민 생활의 행복을 가로막는 암적 존재와 고질이 무엇인지 스스로 말해주었다. 여기에서 군청 비리 세력, 경찰, 사이비 언론, 토호 비리 세력을 엮어 온갖 특혜 수혜와 비리를 일삼는 '곡성 마피아'의 존재가 드러난다. 곡성 주민의 삶과 미래에 이만한 재앙이 없다.

# 차의 귀향
# 산절로야생다원

눈 덮인 섬진강을 따라가며 보라

엄동설한 푸른 꿈, 산절로야생다원 차나무들

순 녹색 찻잎과 진홍 매화, '산절로 매다원'의 봄

산절로야생다원, 천도무친 상여선인

차 만드는 봄날은 득도의 도량

토종 블루베리 정금, 산절로 정금 과수원

제다는 가르쳐줄 수 없다?

미치면 미친다

산절로제다공방 '은하수아래'

# 눈 덮인 섬진강을
## 따라가며 보라

섬진강 주변엔 좀처럼 눈이 오지 않거나 오더라도 많이 쌓이지 않는다. 날씨가 따뜻한 남쪽인 데다가 높디높은 지리산 자락이 북풍한설을 막아주는 울타리 구실을 하고 있기 때문이다. 겨울이면 물줄기마저 가늘어져서 섬진강은 강 주변의 황량한 색깔과 함께 적막한 기운을 더 두텁게 두른다. 고독을 즐기는 사람이라면 이런 메마른 겨울 강가에서도 봄이 잉태되는 기운을 감지하며 또 다른 삶의 에너지를 얻을 수도 있을 것이다. 《역》'계사전'에서 말하는 '천지의 큰 덕성은 살림살게 함이다天地大德曰生'라는 말의 뜻春意, 봄이 뭇 생명을 살려내는 것과 같은 생명 의지을 느껴볼 수 있다는 말이다. 일본 다도에서 말하는 '적寂'의 의미도 그런 것이다. 한겨울날 섬진강 쪽에 가보면 혼자서, 혹은 친구나 가족끼리 두세 명씩 강변길을 걷고 있는 모습을 만날 수 있다.

'실핏줄' 같은 섬진강 겨울 물줄기와, 강둑에 피었다가 채 지지 않고 여윈 몸을 강바람에 흔들어대는 억새꽃을 벗 삼는 섬진강변 걷기는 적막함이 운치 있게 느껴지는 겨울철 자연과 하나 되기에 괜찮은 소일거리다.

그러나 눈 내리는 섬진강을 보거나 눈 덮인 섬진강 길을 걸어보는 것은 흔히 경험할 수 있는 일이 아니어서 머릿속에 그리는 것만으로도 산소를 마시는 기분이 든다. 사람들이 펑펑 내리는 눈을 좋아하고 백설에 덮인 산야의 모습에 환호하는 것은 그것이 순수 자연의 모습이기 때문일 것이다. 어찌 보면 요즘처럼 살기 어려운 세상에 사람들의 가슴에 눈 내리는 모습을 좋아하는 자연성이 남아 있다는 것만도 다행이다.

나는 3년 가까이 곡성에 살면서 운이 좋게도 길을 잃을 정도로 눈이 많이 내린 섬진강을 두 해나 만날 수 있었다. 지금도 그때 찍어놓은 섬진강 길에 눈 덮인 사진을 보면 한 편의 동양화 같은 섬진강 설경 속으로 산절로야생다원을 찾아가던 추억이 되살아난다.

내가 곡성에 살던 무렵 섬진강에 일단 눈이 내리면 그렇게 엄청나게 많이 내리는 때가 종종 있었다. 강변길과 주변 산의 소나무들이 온통 솜이불을 뒤집어쓴다. 순백의 섬진강은 빌딩 숲이 눈에 덮인 도시의 풍경과는 아주 다르다. 여전히 "솨아~" 소리를 지르며 솜이불 같은 눈 속으로 흐르는 강줄기의 모습에서는 영하의 날씨지만 온기가 느껴진다. 추위 속에서도 격하지 않게, 가늘게, 부지런히 여윈 강물이 흐른다.

그 강물 위엔 청둥오리들이 겨우살이 터를 차린다. 섬진강에서 가장 풍치가 좋다는 곡성군 오곡면 오지리와 고달면 사이 호곡나루터 아래 물살이 좀 빠른 물목에는 해마다 청둥오리가 떼 지어 날아온다. 거기에 쏘가리 등 물고기가 많기 때문이다. 그 대목에는 가끔 왜가리와 물수리 등이 날갯짓을 해보지만 이미 오래전부터 터줏대감 행세를 하는 청둥오리 떼의 텃새를 감당하지는 못하는 것 같다.

청둥오리는 대여섯 모임으로 나뉘어 옮겨 다닌다. 하나의 모임은 30 ~50마리, 목에 암녹색 목도리를 두른 수컷이 3분의 2, 나머지는 체구가 작고 몸 전체가 갈색인 암컷이다. 이들은 아래로 흐르는 강물을 역류해 오르면서 물질을 하다가 간혹 강물에 그냥 몸을 맡기고 떠내려가는 등 수중발레를 하면서 먹이를 구하거나 논다. 해마다 이 청둥오리 떼의 귀향으로 겨울 섬진강은 황량함을 면하곤 한다. 아니 황량하지 않다기보다는 봄 여름 가을에 못지않은 활력이 넘쳐나게 된다.

겨울 섬진강 순백의 수채화에 시정을 곁들여주는 것이 호곡나룻배다. 호곡리 사람들이 강 건너 곡성읍에 나가도록 태워주는 이 배도 눈을 듬뿍 뒤집어쓰게 되면 항해를 멈추고 강물 한가운데에 밀려가 떠 있게 된다. 춥고 미끄러워 위험하므로 배를 타지 말라고 누군가가 애써 강 한가운데로 밀어놓는 것이다. 이 호곡줄나룻배를 보면 나룻가 호곡매운탕집 두 손녀아이가 생각난다. 유치원생과 초등학생인 듯한 두 아이는 날마다 아침엔 엄마가 줄을 당겨주는 나룻배로 강을 건넌다. 그리고 하굣길엔 강 건너에서 "엄마, 나 왔어!" 하거나 "할머니 나 왔어~" 하다가 기척이 없으면 지네들끼리 줄을 당겨 건너온다. 곡성은 전국 유일의 '통폐합 시범 특구'다. 군내 세 지역 곡성읍, 석곡, 옥과에 최신식 시설의 학교를 짓고 모든 초중등학교를 통합하여 스쿨버스로 통학시킨다. 호곡매운탕집 딸네 미들은 줄나룻배를 건너 버스를 탄다. 흰 눈으로 뒤덮인 강변길을 걸어, 곡성의 명물 증기기관차가 김 뿜어대는 강 언덕을 바라보며, "쇄아~" 흘러내리는 강물 위로 나룻배를 저어 노랑색 최신식 버스를 타고 읍내 학교를 가는 이 아이들의 어릴 적 추억이 부럽다.

　강나루 언덕 논둑엔 서너 그루의 산수유나무가 눈 속에 열매를 주렁주렁 달고 있다. 얼마 전 늦가을까지도 호곡리 어떤 할머니가 멍석을 깔고 간짓대로 산수유나무를 두들기고 있었는데 무척 많이 열린 산수유 열매를 절반도 따지 못했다. 이제 남은 것은 눈과 겨울 햇볕에 시달리고 말라붙어 늦겨울이나 춘궁기 무렵 산새들의 구차한 먹이가 될 것이다. 산수유나무엔 그 임자 없는 열매들 옆에서 아주 작은 꽃봉오리들이 움을 내밀고 있다.

　섬진강변 지리산 자락에서 풍성하게 나는 토종 산 열매 중엔 '정금'이라는 것이 있다. 머루알만 한 크기로 열려 가을에 검보라색으로 익는 정금은 따다가 술을 담그거나 설탕에 버무려 진액을 뽑아낸다. 눈 덮인 섬진강을 가슴에 담고 점심때쯤 집에 돌아와 진보라 색깔이 유난히 예쁜 정금주나 정금액 녹인 물 한 잔을 마시면 정금의 시큼 상큼한 기운에 서린 산의 정기가 몸 안에 전해온다. 곡성 섬진강 자락의 생명 기운은 한겨울 정금 술과 정금 주스에 살아 있는 것이다.

## 강과 인간의 횡포

그 고즈넉한 아름다움과 겨울에도 생명 의지가 살아 숨 쉬던 섬진강은 이제 볼 수 없다. 4대강 사업 때문이다. 곡성군수를 비롯한 섬진강 유역 지자체장들이 섬진강을 영산강 유역에 포함시켜 4대강 사업 구간에 넣어달라고 애걸하다시피 한 결과다. 섬진강 양쪽 강변엔 시멘트 자전거도로가 놓이고, 호곡나루터 주변에 그 많고 아름답던 묵석 떼는 해당 구간 일을 맡은 건설사가 죄다 훑어다 말아먹었다. 마을 사람들 말에 따르면 장구한 세월에 걸쳐 물과 세월에 닦여 이뤄진 그 묵석 떼는 섬진강에서 가장 아름다운 풍경이었다고 한다.

섬진강 호곡나루 주변은 얼마 전까지 오랜 세월 물살에 다듬어져 아름다운 묵석군이 들어차 있었으나(옆 사진) 2년 전 4대강 사업을 핑계로 시행사가 묵석을 모조리 쓸어가 버려 황량한 곳이 되었다

# 엄동설한 푸른 꿈
## 산절로야생다원 차나무들

2월은 한 해 중 가장 추운 달이다. 산에 올라가면 온 땅에 추운 기운이 농축돼 서려 있는 듯하다. 섬진강변 서쪽에 있는 제1산절로야생다원은 온종일 햇볕이 들지는 않는다. 다행히 남쪽과 동쪽에 사면이 많아서 그쪽에 집중적으로 차나무를 많이 심었다. 햇볕이 잘 드는 곳의 차나무들은 한겨울에도 병아리 주둥이만 한 새 이파리를 내놓기도 한다.

해마다 겨울이면 하동이나 보성 일대의 제배차밭은 거의 일제히 갈홍색으로 변한다. 하지만 산에 있는 야생차나무는 푸름을 거뜬히 유지한다. 산의 야생차나무들이 동해를 입지 않는 것은 잡목과 말라죽은 잡초가 찬 바람을 막아주는 이불 구실을 해주는 것과, 뿌리가 옆으로 뻗는横根 재배차와 달리 땅속 깊이 곧은 뿌리直根로 뻗어 내리기 때문이다.

식물에서 뿌리의 역할은 매우 중요하다. 가로수로 심은 나무 중에 가을이 되기가 무섭게 낙엽을 떨구어버린다면 이는 뒤늦게 옮겨 심은 것이라 뿌리 발육이 좋지 않아 물기와 양분 빨아들이는 힘이 약하기 때문

2월은 차나무는 물론 모든 동식물에게 가장 혹독한 달이다

이다. 재배차밭이 겨울에 뻘겋게 동해를 입는 이유도 마찬가지다. 위에서 내려오는 비료 기운을 받아먹기 위해 뿌리가 옆으로 뻗으므로, 겨울에 뿌리째 땅이 얼어 차나무 잎과 줄기의 고사枯死 현상이 벌어지는 것이다.

동해를 입은 재배차밭의 차나무들은 봄이 되면 얼어죽은 이파리들을 모두 떨궈버리고 생에 대한 몸부림으로 새 이파리들을 무리하게 많이 내놓는다. 그런 새 찻잎은 대부분 영양실조로 누런 색깔을 띤다. 그런 잎으로 만든 차가 그윽하고 깊은 향과 맛을 내기는 어렵다. 영양실조를 덜어주기 위해서는 비료를 쳐야 하고 비료를 먹고 쑥쑥 자란 이파리들은 헐거워서 해충을 타기 쉬우니 농약이 뒤따라야 하는 것이다.

동해와 거리가 먼 야생차나무들은 이듬해 봄 잎마다 토실토실한 새 순들을 송골송골 솟구쳐낸다. 그 새순의 색깔은 처음엔 연녹색이었다가 점차 진녹색으로 바뀐다. 4월 말쯤에 그 잎을 따서 만든 '사월차'는 그윽 하고 온화한 향과 맛이 꿈결 같아서 예닐곱 번을 우려내도 향과 맛을 거 의 그대로 유지한다. 이처럼 야생차와 재배차는 동해를 입느냐 그렇지 않느냐로 향과 맛에서 큰 차이가 난다.

항간에는 '눈에 덮인 차나무의 어린 새순을 따서 만든 차'라는 것이 있다고 하는데, 나는 한국에서 '눈에 덮인 찻잎의 새순'이라는 게 가능 한 일이 아니라고 생각한다. 남쪽 지역에서는 찻잎이 나올 무렵 눈이 내 리는 일이 거의 없다. 보통명사의 이른바 '설록'이라는 이름은 하나의 상 징적 비유라고 봐야 한다. 한겨울에 차나무들이 눈에 덮이는 일은 흔하 지만 봄에 차나무의 새순이 나올 무렵이면 4월 중반인데 그즈음에 차나 무가 자라는 따뜻한 남녘 일대에 눈이 내리는 일은 거의 없기 때문이다. 또 눈이 내리더라도 곧 녹고 말지 눈 속에서 새 찻잎을 따낼 수 있을 정 도로 낭만적인 정경을 연출해주지는 않는다. 눈이 내리면 오랫동안 녹 지 않고 쌓여 있을 야생차밭에서도 차의 새 순이 날 무렵 그 새 순 위에 눈이 얹혀서 '설록'이 되는 일을 나는 한 번도 본 적이 없다.

무슨 장사든지 상업적인 목적이라면 광고의 필요상 약간 과장하는 경 향이 있는데, '눈 속에 덮인 찻잎을 따서 만든 차'라는 것도 그런 경우가 아닌가 생각한다. 물론 나도 모르는 남녘 어느 차밭에서는 시장에 내놓 을 정도로 많은 양의 차가 '눈에 덮인 찻잎'으로 만들어지는지는 알 수 없다. 나는 그런 차가 있기를 고대하는 심정에서나마 그런 차의 존재를 전적으로 부인하고 싶지는 않다.

 2월은, 차나무는 물론 모든 동식물에게 가장 혹독한 달이다. 그러나 산절로야생다원의 차나무들은 섬진강의 훈훈한 강바람 속에서 씩씩하게 푸름을 유지하고 있다. 차나무 주변에 고사한 고사리들이 유난히 많아 훌륭한 이불 구실을 해주고 있기 때문이다. 오는 봄, 그 차나무들의 새 순이 담아 올 그윽하고 오묘한 향과 차 맛에 입맛이 다셔진다.

차 생활을 하는 데 있어서 좋은 차의 구별과 선택은
가장 중요한 선행 요건이다. 차는 향·색·맛이 3요
소인데 이 중 한 가지라도 문제가 있으면 좋은 차라
고 할 수 없고, 그런 차로써는 차가 주는 뛰어난 효
능을 누리는 바람직한 차 생활을 할 수가 없다. 문제
는 아직 한국 차에 있어서 '좋은 차'의 기준이 마련
돼 있지 않다는 것이다. 이것은 한국 차 문화나 차 산업이 쇠퇴를 면치 못하고
있는 원인이기도 한다.

내가 차 씨앗을 받아 심는 일에서부터 제다 및 끽다에 이르기까지의 과정을
실천해온 체험에 따라 말하자면 '좋은 한국 차덖음 녹차'의 기준을 이렇게 제시할
수 있다.

첫째, 원료생 찻잎가 야생차여야 한다. 야생차와 재배차는 비유하자면 향·색·
맛에 있어서 인삼과 산삼의 차이와 같다. 그러나 누구나 야생차를 대하기란 쉬
운 일이 아니다. 재배차를 마시더라도 비료와 농약을 덜 주었거나 유기농으로
재배된 것, 그리고 아주 잘 제다된 것을 찾는 게 좋다.

산절로 후발효차

둘째, 좋은 차는 향이 생 찻잎에서 나는 난향蘭香을 최대한 많이 간직하고 있고 잡냄새설익은 풋내나 시간이 지나 절은 냄새가 없어야 한다. 좋은 차는 첫 잔에서는 질 좋은 구운 김에서 나는 약간 구수한 냄새와 함께 난향이 나고 둘째 잔부터는 난향만 올라온다. 그러나 첫째 잔부터 구수한 냄새 일색이고 둘째 잔부터는 구수한 냄새에 풋내나 쓴내가 섞여 있는 것은 제다에서 너무 뜨거운 열에 시달린 차다.

셋째, 좋은 녹차의 색은 연녹색에 약간의 노란 기운을 띤다. 연녹색은 건강한 자연색의 연장이고 노란 기운은 차를 덖을 때 열을 받은 기운과 약간 산화된 빛이다. 그러나 노란 기운이 강하거나 진녹색을 띠는 것은 좋은 차가 아니다.

넷째, 좋은 차의 맛은 오미五味가

중국 윈난 성 맹해차창의
초벌 덖음 보이차와 이를 집산하여
곰팡이 뜨이는 모습

고루 갖춰져 일견 별 특별한 맛이 없는 것처럼 느껴진다. 그러나 맹물과 비교해 보면 감미롭고 적당히 간이 베 있어서 물보다 훨씬 혀에 잘 감겨드는 느낌을 준다. 이는 커피나 와인 등 서양 음료수가 특별한 맛이 있어서 몸을 공격하다시피 자극적으로 파고드는 행태와 비교되는 미덕이다.

# 순 녹색 찻잎과 진홍 매화
## '산절로매다원'의 봄

내가 순천 선암사 차와 지허 스님, 그리고 선암사 토종 매화를 만난 것은 산절로야생다원을 만드는 데 있어서 가장 큰 촉발제였다. 나는 80년대 후반 이래 해마다 봄이면 취재길에 섬진강 변에서 매화를 만나 매화 향의 황홀경에 빠지곤 했다. 한번은 프랑스에서 향 만들기를 전공하고 마에스터가 되어 돌아온 사람을 만나 매화 향을 축출하여 화장품을 만들면 환상적이 향 제품이 되지 않겠느냐고 제언하기도 했다.

산절로야생다원의 원래 구상은 산절로매다원梅茶園이었다. 그것은 '봄에는 녹색 차나무 위에 빨간 매화꽃, 가을엔 주황색으로 물든 매화나무의 단풍 아래 하얀 차 꽃'의 수채화와 같은 것이었다. 차나무는 그늘을 필요로 하고, 매화 뿌리는 횡근성이어서, 직근인 차나무와 땅속 싸움을 하지 않는 상부상조의 관계를 이룰 수 있다. 또한 매화나무의 통 큰 뿌리가 땅속을 횡으로 지나다니면서 차나무 뿌리들에게 환기와 배수 통로를 열어줄 것이라는 생각을 했다. 야생 홍매실을 거둘 수 있다는 꿈도

꾸었다. 특히 이른 봄 파란 찻잎 위에 빨간 홍매화 이파리들이 적설赤雪처럼 흩뿌려진다면 얼마나 황홀할까?

그래서 '산절로매다원'을 위해 홍매화만 심기로 했다. 산 전체에 홍매화를 심어 봄이면 온 산에 움터 오르는 신록 위에 빨간 꽃 색깔을 입히는 것은 생명의 색감을 나타내는 일이라고 생각했다. 그런데 홍매화를 선택한 것에는 또 다른 이유도 있었다. 나는 애초 매화가 흰 색깔만 있는 줄 알았다. 광양 다압마을 등 매화가 지천에 깔린 섬진강 일대에 백매화 일색인 것을 본 탓이었다. 그러나 낙안읍성 금둔사에서 해마다 음력 섣달양력 1월이면 피어나는 홍매화납월매를 보고서 생각이 달라졌다.

우리는 언제부터인가 '몰려가기' 현상 속에서 살고 있다. 영화 관광지 책 패션 등등 어느 분야에서건 몰려가기다. 좁은 땅에 많은 사람이 몰려 살기 때문이기도 하고 매스컴의 부추김 때문이기도 할 것이다.

농사일에도 몰려가기가 있다. 농사에서의 몰려가기는 돈 있는 사람들이 주역인 패션이나 문화에서의 몰려가기보다 심각한 결과로 이어질 수 있다. 농사를 망쳐서 패가망신할 수도 있고, 물가에 영향을 주고 많은 사람의 식생활에 나쁜 결과를 초래할 수 있다. 어느 해에 배춧값 폭등을 겪으면 그 이듬해엔 배추 농사 과잉으로 배춧값 폭락으로 이어진다. 차도 한때 녹차가 '세계 10대 건강식품'의 하나라는 사실이 부각되고 웰빙 붐으로 고소득 농작물이 되자 너나없이 재배차에 뛰어든 결과가 오늘날의 사양화로 이어지고 있다.

나는 섬진강 일대의 '백매화 천지'를 보면서 한국의 매화도 몰려가기 풍조에 빠진 결과 언젠가는 폐해가 나타날 것이라는 생각을 하게 되었

다. 그리고 그런 생각에서 토종 매화와 개량종 왜매, 무분별한 매실 식물
의 부작용 ✎ 등에 관한 기사를 썼으나 대규모 매실 산지 매실 농가들의
항의에 맞부딪쳐야 했다. 그래서
남들이 하지 않는 홍매화와 토종
매화나무를 심어서 '다름'과 '다
움'을 동시에 추구하고자 한 것이다.

✎ 이른바 '청매실'이라는 설익은 매실의 제품엔
과육 보호 목적상 청산가리류 독성이 남아
있어서, 위궤양 같은 위병을 가진 사람에겐 그
상처를 더 크게 할 우려가 있다.

　　나는 차나무가 두 뼘 넘게 자랐고 조림용으로 심은 리키다소나무가
정리된 2006년 봄, 산절로야생다원에 홍매화나무를 심었다. 이때 심은
매화 종류는 꽃잎이 여러 겹으로 피고 열매가 알차게 맺는 만첩홍천조
와 열매가 좋은 접홍매화이면서 색깔이 흑장미색인 흑룡금매 등 7종류
200그루, 몇 해 전 지허 스님이 선암사 토종 매화의 씨를 받아 선암사
뒤뜰에 기른 선암 매화나무 50그루였다. 그리고 산절로야생다원을 시
작하면서 구례 화엄사 각황전 흑매 씨앗을 어렵사리 받아다가 야생다

원 흙에서 발아시킨 묘목 15그루를 금덩어리 대하듯 햇볕이 잘 들고 물 빠짐이 좋은 곳에 심었다. 각황전 흑매화는 내가 본 홍매화 가운데 붉은 색깔이 가장 밝고 맑고 단아하고 자제하는 기운이 선명하여 내가 '흑매' 라고 이름을 붙였다.

이듬해 봄부터 홍매화가 꽃망울을 터뜨렸다. 깡마른 갈색 산야에 점 점이 빨간 물감으로 피어나는 홍매화, 아래서 홍매화를 쳐다보는 푸른 야생찻잎, 저 밑 산마루를 돌아 흐르는 섬진강 중류의 파란 물줄기. 이것 이 홍매화 피어나는 곡성 산절로매다원의 이른 봄 풍경이다.

나는 그 뒤에도 홍매화를 더 심기 위해 인터넷에서 묘목원 탐색을 했 다. 그러나 묘목원이나 매화 연구가들의 수준은 우리 농업의 현 실태 를 적나라하게 보여준다. '매화 묘목 전문'이라고 요란하게 선전해대는 묘목원에 전화를 하면 만첩홍천조나 흑룡금매 등 홍매화의 종류에 대 해 아는 묘목원이 한 군데도 없다. 그저 홍매화라고만 외쳐댄다. 홍매화의 구체적인 종류에 대해 묻는 사람을 까다로운 존재로 취급한다. 이 역시 백매화에 몰려가는 풍조에 젖어 있는 결과다. 이러저러한 매화 연구원 또는 매실 연구회 등이 있어서 물어보아도 마찬가지다. 묘목이나 매실을 팔아 돈 버는 방법은 연구하는지 모르나 정작 일의 기본이 되어야 하는 것 중 하나인 홍매화의 종류에 대한 상식은 전무하다. 매화 연구를 하는 사람들이 낸 매화 전문 책을 보더라도 어느 지역에 '○○매'라고 불리는 매화가 있다는 말뿐 매화 종류가 어떻고 어떤 게 토종 혹은 개량 매화이고, 각각 어떤 특색이 있고, 홍매화는 또 꽃 색깔과 매실에 어떤 종류와 특색이 있다는 설명 같은 것을 찾아볼 수 없다.

차 생활을 시작하는 데 필요한 것은 좋은 차와 다구茶具다. 한국인들에게 알맞은 차는 녹차이고 녹차의 질은 향·색·맛으로 결정된다. 녹차의 향은 차향의 대표이자 상징과 같다. 춘란의 향처럼 은은하고 환상적인 모습으로 입안과 코끝에 오래 남는 향이 좋은 향이다. 차향은 제다를 얼마나 적당한 열로 잘했느냐에 따라 결정된다. 향이 쾌쾌하거나 묵은내 또는 풋내가 나는 것은 잘못한 제다의 결과다. 구수하거나 탄내가 나는 것도 제다를 잘못한 것이다. 생 찻잎에서 나는 환상적인 향이 완제된 차에서 얼마나 잘, 풋내나 구수한 내가 나지 않게 발현되느냐가 좋은 차의 기준이다.

녹차의 탕색은 연녹색에 약간 누런 기운이 도는 것이 잘 제다된 차다. 녹차 탕색의 연녹색은 자연의 순수한 연녹색을 그대로 옮겨놓은 것이다. 그러나 좋은 녹차라도 우려서 따라놓은 지 오래되면 다갈색으로 변색이 되고 향과 맛도 발효산화차와 비슷하게 된다. 자체 산화되기 때문이다.

녹차의 맛은 오미짜고 달고 쓰고 시고 맵고를 고루 구비했다고 해서 칭송을 받는다. 어느 특별한 맛을 더 많이 품고 있지 않기에 초보자에겐 특별한 맛이 없는 것처럼 느껴진다. 향도 강하지 않고 은은하고 맛도 특별한 맛이 없이 덤덤하게 느껴지기 때문에 녹차를 마시는 것을 '끽다喫茶'라 한다. 끽다는 차를 음료수처럼 단번에 훌쩍 마시는 게 아니라 차를 입안에 굴리면서 은은하고 깊은 향과 맛을 완미玩味하면서 마시는 것을 말한다. 커피나 술은 워낙 향과 맛이 강해서 그럴 필요는 없다. 녹차를 완미하면 동시에 녹차가 향·색·맛으로 전해주는 자연의 이법을 생각할 수 있다. 이것이 다도茶道를 이루는 요인이다. 커피와 술에는 도道자가 붙지 않는 연유이기도 하다.

다구로는 찻주전자다관와 찻잔이 기본적으로 필요하다. 간편한 일회용 찻잔은 찻주전자를 필요로 하지 않으나 제대로 차를 우리기 위해서는 찻주전자가 있어야 한다. 찻주전자는 '3수 3평三水三平'의 기능이 좋아야 한다. 3수는 다관의 물대에서 나가는 차탕의 물줄기가 힘차면서도 따르고자하는 찻잔 가운데에 정확히 떨어지는 출수出水, 물 끊음질이 단결해서 물이 다관 몸통으로 흘러내리지 않는 절수切水, 다관 뚜껑의 바람구멍을 막으면 물이 한 방울도 나오지 않을 만큼 뚜껑이 정확하게 꼭 맞는 금수禁水를 말한다.

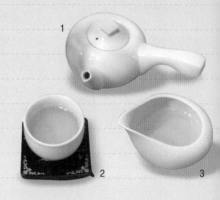

1  '삼수삼평'이 잘 이뤄진 찻주전자
2  찻잔
3  숙우(물식힘 그릇)

3평은 다관의 물대 끝과 몸통의 입찻잎을 넣는 부분, 손잡이 끝이 같은 높이가 되어 수평을 이루는 것을 말한다. 3평의 원칙에 맞지 않게 만들어진 다관은 물대 끝이 몸통의 입보다 높은 경우 다관을 많이 기울여야 물이 나오는데 이때 입을 통해 찻물이 몸통 밖으로 새어나올 수 있다. 또 물대 끝이 너무 낮으면 몸통에 그 높이 이상 찻물을 넣을 수 없다. 손잡이가 물대 및 몸통 입과 수평을 이뤄야 하는 이치도 찻물을 원활히 따르기 위한 것이다.

찻잔은 어른 주먹만 한 크기에 동이처럼 긴 것이 좋다. 찻잔은 반은 차의 자리, 반은 향의 자리로 비워두어야 한다. 차를 담으면 위 반쪽 공간에 차향이 고이게 되고 그 차향을 먼저 완미하면서 차를 마신다. 찻잔의 색깔은 녹차의 연녹색을 완상할 수 있도록 백자가 좋다. 그 밖의 다구로서 찻물 식힘 사발과 물버림 사발이 필요하다. 소박하고 운치 있는 차탁과 차탁보도 필요하다.

## 차 우리는 법, 야생차예컨대 '산절로'의 경우

끓인 물정수기의 온수 정도면 좋다을 첫 탕은 1분 이내, 둘째 탕은 1분 안팎, 셋째 탕부터는 1분 이상 차 탕색과 향을 가늠하면서 시간을 조절하여 따라낸다. 차에서 떫고 쓴맛이 강하면 너무 진하게 우려진 것이므로 맹물을 타면 된다. 야생차는 이렇게 하여 7, 8회 우려낼 수 있다. 초의 선사는 다도에 있어서 물의 중요함에 대해 "…물은 참된 물을 얻어야 하며, 차를 달여냄에 있어서는 그 간이 알맞아야 中道 하고, 차의 체인 물과 그 차의 정신, 차의 기운이 잘 어우러져서, 그 빛의 건실함과 그 간 맞음이 신령스럽게 되어 이 두 가지가 갖추어져 있는 지경에 이르러야…"라고 했다. 찻물은 각종 미네랄이나 불순물이 섞이지 않은 연수軟水가 좋다. 산에서 흘러내리는 물이 좋고 산에 있더라도 고인 물은 쓰지 않는다. 모래땅이나 돌 틈에서 솟는 샘물도 좋다. 수돗물은 절대 쓰지 않는다.

차의 양은 1인분은 티스푼 하나2, 3그램, 마른 큰 대추 한 알 부피 정도. 1인분 물의 양은 소주잔 둘 정도, 차를 마실 사람 수에 비례해서 차와 물의 양을 더하면 된다.

찻자리도 중요하다. 초의 선사는《동다송》에서, "혼자 마시는 차는 신령스럽고/ 둘이 마시는 차는 빼어난 것이고/ 서넛이 함께 차를 마시는 것은 멋이라 하고/ 대여섯이 나눠 마시는 차는 덤덤할 뿐이요/ 예닐곱이 함께 마시는 차는 그저 나누어 마시는 것"이라 했다.

차는 음료수나 기호 식품이 아니라 마음 수양에 관련되는 도道의 도반道伴, 길벗이라고 생각하고 자연의 이법에 가까이 가서 물아일여物我一如의 경지에 들겠다는 자세로 차 생활에 임하면 차 생활의 진정한 행복을 느낄 수 있다. 단 좋은 차와 좋은 물, 정성들인 우리기가 필요하다. 그리고 가장 이상적인 한국적 다도는 초의 선사가 말한 채다·제다·팽다·끽다 과정에서 성誠을 다해 다신茶神을 만나, 한재 이목 선생이 말한 '내 마음의 차吾心之茶'의 경지에 드는 것이다.

# 산절로야생다원
## 천도무친 상여선인

공자는 친친親親을, 노자는 무친無親을 주장했다. 이는 유가
가 수기치인修己治人, 자신을 먼저 닦고 남을 교화시킴과 예禮라는
유위有爲로써 사회질서를 유지하고자 했고, 도가가 무위無爲로써 모든 걸
자연의 질서에 맡기자고 한 것과 같다. 공자는 사람 사이의 가장 기본적
인 정서인 부모 자식 간의 정을 사회질서 유지의 시발점으로 보았고, 반
대로 노자는 이 세계에 인위적인 가치나 기준이 개입되어 그것으로 선
악이 재단되는 것을 반대했다.

'천도무친 상여선인天道無親 常與善人'은 노자《도덕경》 79장 끝머리에
나오는 말이다. '자연의 이치는 편애함이 없으나 늘 착한 사람또는 선과
함께한다'는 뜻이다. 노자는 '천지불인天地不仁'이라는 말도 썼는데 '천도
무친'과 같은 뜻이다. 노자가 강조하고자 하는 것은 '상여선인'이다. 자
연의 이치천도가 무심한 것 같지만 결과적으로 '착한 사람' 또는 선善을
도와주게 된다는 것이다. 노자는 천지자연이 무엇을 특별히 더 친하게
여기는 일이 없기 때문에 이 세상이 장구하게 유지된다고 본다. 성인聖人

도 이런 무친한 태도를 유지하기 때문에 결과적으로 항상 선인을 도와주게 되고 선인과 함께하게 된다는 것이다. 이는 대통령이나 조직의 지도자도 그렇게 해야 나라와 그 조직이 잘 유지된다는 뜻으로 이어진다. '법대로'와

《노자의 목소리로 듣는 도덕경》, 최진석, 소나무, 2010, 537쪽

'원칙대로'는 그래서 상반이다. 법이 인위의 극치라면 최고의 '원칙'이란 자연 그대로의 그러함일 터이기 때문이다.

그런데, 천도가 무친하다면 자연과 세상이 착함을 알아주지 않으니 오히려 착한 사람이 그만한 보답을 받지 못하게 되지 않을까? 무친함이 선행에 걸맞은 보답을 가져다준다는 말은 얼핏 이해되지 않는다. 위 책의 저자가 설명하는 것을 간추리고 내 이해를 약간 붙이자면 대략 이렇다. '친소의 감정이나 선입견 혹은 기존의 가치관이나 주관이 개입돼 그 사태선함 또는 선행를 그 자체로 받아들이지 못할 지경이 되면 선과 악은 혼동될 수밖에 없다.'

동양철학에서는 선善의 의미를 '자연의 이치와 질서에 순응하는 것'으로 본다. '선한 사람'은 그런 덕성을 지니고 실천하는 사람일 것이다. 사람의 감정 표출에 있어서도 그 감정이 절도에 맞으면 선이고 지나치면 악으로 본다.

산절로야생다원은 '천도무친 상여선인'의 원리가 그대로 실현되는 세상이다. 땅과 풀과 나무에 시선을 둔 채 다원의 오솔길을 무심히 걸으면 노자의 목소리가 들려오는 것 같다. 사람이 일절 거름도 안 주는데 차나무와 고사리와 정금나무와 그 밖의 수많은 풀과 나무와 열매는 왜 그리 스스로 잘 나서 잘 자라고 열매를 잘 맺는가? 그들은 알맞게 그 자리에,

산절로야생다원의 희귀종  야생 밤  야생 오미자
변색 차나무와 차 꽃

제때, 자연의 질서가 허락하는 만큼의 넓이에 뿌리를 뻗고 건강하고 아름답게 살고 있다.

산절로야생다원에 인위가 개입한 것이라면 사람인 내가 차 씨앗을 심고 여린 싹이 올라올 때 그 주변에 있는 산딸기나무의 가시덩굴을 걷어준 정도이다. 자갈이 많은 곳에는 그냥 차 씨앗을 던지듯이 뿌려두었다. 심거나 뿌린 차 씨앗이 모두 다 발아하여 건강하게 자란 것은 아닐 것이다. 지금 잘 자라 있는 차나무들은 자연의 이법에 맞는 자리에서 '천도무친'의 자연 질서 속에서 결국은 '상여선인'의 상태가 되었을 것이다.

산절로야생다원을 철따라 둘러보면 사람 사는 곳 가까이에 사람 세상 보다 훨씬 활력 넘치고 아름다운 자연 세상이 있음을 알 수 있다. 산절로야생다원의 주인공은 차나무가 아니다. 봄에는 땅에서는 고사리를 선두로 하여 고비 취나물 참나물 우산나물 냉이 등 열 가지가 넘는 나

야생 앵초 군락　　　　　　　팥배　　　　　　　　　　야생 오디와 파리똥 열매

물류와 원추리 붓꽃 등의 야생화가 다투어 피어난다. 다원의 좀 더 깊은
곳, 숲 속 늪지엔 앵초 군락지가 있다. 순록색 이파리들을 양탄자처럼
펴 깔고 그 위에서 청초한 분홍색 꽃송이가 떼 지어 봄바람에 흔들거리
는 모습이 참 예쁘다. 봄날 자연에서 발산되는 생기는 부산한 새소리에
서도 느낄 수 있다. 앵초꽃의 군무와 대여섯 종류의 이름 모를 새들이
애절하게 상대를 부르는 소리에 취하다 보면 찻잎 따는 일도 잊을 지경
에 이른다.

　봄에 나무에서 피는 꽃으로는 진달래 철쭉 산벚꽃 생강나무꽃 희어리
들이 있다. 희어리는 멸종 희귀종으로 지정돼 있는데 산절로야생다원엔
귀찮을 정도로 많다.

　산절로야생다원은 야생 과수원이다. 한국 토종 블루베리인 정금나
무가 군락을 이루고 있고, 개암나무 산감나무 오디나무 팥배나무 너도

풍요로움이 가득한 산절로야생다원의 가을, 잡초들은 노랗게 물들고
'실화상봉수'라는 차나무의 꽃과 열매가 함께하는 때다

밤나무 상수리나무 도토리나무 오동나무…. 눈앞에 보이는 것도 이렇
고 가을이면 무슨 보랏빛 좁쌀만 한 열매를 단 나무도 나타나고 빨간 앵
두 같은 열매나무 등 대여섯 종류가 더 모습을 드러낸다. 약재가 된다는
나무도 많다. 엄나무 생강나무 자작나무 젬피나무 산초나무 고로쇠나
무….

　산절로야생다원에는 야생동물도 많이 산다. 새 종류로는 이른 봄에
가장 먼저 울며 나대는 박새로부터 찌르레기 멧비둘기 멧새 등이 세상
을 열고, 한여름 동안에는 맹금류인 어치만 보이다가 매가 "끼욱∼ 끼욱
∼"우는 소리가 산을 제압하면 가을이 왔다는 신호다.

맨 처음 차 싹이 돋아났을 때 차나무 허리를 일제히 동강동강 잘라먹어 나를 혼절하게(?) 했던 고라니와 산토끼를 비롯해서 오소리 너구리 두더지 들이 밤이면 산절로야생다원을 갈고 다니는 것은 겨울 눈밭에 그들의 발자국이 어지럽게 나 있는 것으로 드러난다. 그런데 발자국이 어지러이 나 있기는 하지만 야생동물은 발길 닿는 대로는 아니고 어둠 속에서도 늘 다니는 길로만 다닌다.

산절로야생다원 생태계의 섬뜩한 절정은 까치살모사가 도도하게 지나다닌다는 것이다. 그러나 까치살모사도 어디나 갈고 다니는 게 아니라 먹이를 사냥하는 경우가 아니면 자기 길로만 다니는 것 같다. 봄에 찻잎 따는 오지리 아짐씨들은 이미 까치살모사 텃세권을 알고 있다. 그 분들은 또 봄에는 뱀에 아직 독이 들기 전이므로 물려도 치명적이지 않다는 것을 안다. 가을에는 이파리들이 죽어 뱀이 눈에 더 잘 보인다. 산에서는 사람이 주인이 아니라 야생 동식물이 주인이라는 사실을 명심하고 경건하고 조심하는 마음으로 다녀야 뱀에 물리거나 멧돼지에 받칠 염려가 줄어든다.

산절로야생다원이 있는 자리는 섬진강 중류의 물길이 지나고 지리산 자락이 내려온 곳의 한 부분이다. 차나무가 있는 것만 빼면 산절로야생다원의 옆 산줄기도 똑같은 천도무친 상여선인의 자연 천국을 이루고 있을 것이다.

## 다도란 무엇인가

차를 대함에 있어서 '차는 까다롭다'는 생각을 하는 사람이 많다. '다도茶道'라는 것을 염두에 두기 때문이다. 다도는 차를 까다로운 것으로 생각되게 하기도 하지만 차를 차 답게 해주는 고급 문화 양식이다. 수많은 음식물 가운데 그 이름 앞에 정신문화를 지향하는 도道 자가 붙는 것은 차가 유일하다. 술에도 간혹 도 자를 붙여 '주도酒道'라는 말을 쓰기도 하지만 이 말은 단지 술자리의 예의범절을 말하는 것이지 술을 마시면서 느끼는 정신의 경지를 말하는 것은 아니다. 차는 정신을 깨게 하고 술은 그 반대이므로 주도는 '주법酒法'이라고 하는 것이 더 정확할 것이다.

다도가 까다롭게 보이는 것은 현대인의 조급한 습성상 그렇게 보이는 면도 있고, 엄격한 형식미를 중시하는 '일본 다도' 탓도 있다. 그러나 일본 다도가 형식에만 치우치는 게 아니고 '화경청적和敬淸寂'이라는 유불도儒佛道의 '정신'을 담고 있다. 형식은 오히려 이러한 정신을 담기 위한 그릇이라고 볼 수 있다. 형식에서 마음이 생기는 법이다. 오늘날 일본 다도가 국제적인 문화 상품이 된 것이나 일본 '그린티녹차'가 국제적인 차 상품이 된 것은 '일본 다도'라는 문화가 국내외 차 소비의 근간이 되고 있는 탓이다.

다도를 흔히 '차를 마시는 온당한 방법'으로 여겨 제사를 받들 듯이 제명성복齋明盛服, 몸을 재계하고 옷을 성대히 입음하고 물을 정성껏 끓여 차를 우려내서 고상한 찻잔에 따라 손님과 함께 마시는 '형식적인 일' 정도로 생각하되 그 과정에 깃든 '정신'을 간과하는 일이 많다. 제명성복하는 것 자체가 정신을 가다듬는 일이고 물을 가려 정성껏 끓이는 일도 어떤 '정신'을 지향하는 일이다. 하나의 체육 운동인 유도柔道에 도 자가 붙은 것도 단순한 육체적 움직임이라는 형식만 가지고 하는 말이 아니다. '부드러울 유柔' 자를 쓰는 것은 부드러움이 강함을 이긴다는 도가道家의 철학이자 자연의 원리인 도를 담고 있다. 그것은 '상대가 강하게 공격해오는 것을 부드러움으로 역이용하여 이긴다'는 유도에서의 기술뿐만 아니라, 치세治世를 비롯한 세상만사에 물처럼 부드럽게 처함이 결국은 만물을 이기고 세상의 운용을 순조롭게 한다는 '정신'을 담고 있는 것이다.

다도는 이처럼 어린아이도 좋아하는 차를 오붓하게 마시며 차의 향·색·맛이 전해주는 뜻을 좇아 자연의 섭리에 다가가는 일이다

　그럼에도 불구하고 다도가 까다롭게 느껴지는 것은 원래 '도'의 심원深遠함과 불명확성 때문이다. 도는 동양철학의 핵심 용어다. '유불도'로 대표되는 동양철학은 이 세상과 인간의 문제를 파악하는 주제로서 도를 설정했다. 유교의 도는 인간 사회에서 지켜야 할 '인간 다움'의 근본을 말하고 불교의 도는 고해苦海인 이 세상의 온갖 고통에서 벗어나 참다운 행복에 도달하는 것, 즉 해탈현실 생활의 고통으로부터 벗어남과 열반죽음의 고통으로부터 벗어남에 이르는 길을 말한다. 도가는 이름 앞에 도 자가 붙었듯이 도를 무척 중요시한다. 도가의 도는 '천지 자연의 존재 형식과 운행 질서'를 말한다. 그것을 어떻게 규정하기 곤란하여 한마디로 '도'라고 했다. 도가의 도를 실천하는 방법은 '무위자연無爲自然'이다.

　'다도'는 '다'에 '도'가 붙은 것이므로 차와 관련한 도를 말한다. 즉 차와 더불어 도를 실천하는 것이다. 다도를 '차를 내고 마시는 방법' 정도로 생각하는 것은 단견이다. 그러면 다도에서는 유불도의 어느 도를 실천해야 하는가? 이에 대해서는 매월당梅月堂 김시습金時習, 1435~1493 선생의 말이 도움이 된다. "도라는 우주의 근본은 하나인데 그것이 종교에 따라 각각 달리 보이는 것이다." 즉 도는 자연의 섭리로서 하나이므로 유불도 어느 종교에서 보더라도 근본적으로 같다는 것이다. 원元의 이도순李道純은 도교道敎의 도가 유교儒敎의 태극太極, 불교佛敎의 불성佛性과 일치한다고 했다. 그런데 종교는 '인간의 마음'에 관한 것이다. 인간이 도를 생각하거나 닦는 것은 자연이 부여한 섭리에 순응하는 길을 찾는 것이고 그 길은 마음의 길이다. 마음은 인간의 몸과 행동을 주재하는 것心宰身이어서 그렇다.

마음을 닦는 것을 유불도에서 '마음 공부'라고 한다. 유불도의 마음 공부 방법이 각각 경敬, 선정禪定, 심재좌망心齋坐忘이다. 여기에 동반되는 도반道伴이 바로 차다. 차는 정신을 맑게 할 뿐만 아니라 음식물의 3요소인 향·색·미에 있어서 순수한 자연의 ⟋ 유교의 마음 공부 방법은 미발 공부와 이발 공부로 나뉘기도 한다. 진면목을 인간에게 전해주기 때문이다. 즉 차는 자신이 담고 있는 자연의 이법을 차를 마시는 인간에게 자연스럽게 전이시켜준다. 여기에서 도와 차의 뗄 수 없는 관계가 이루어지고 다도의 의미가 각별해지는 것이다.

한편, 차를 내는 일을 두고 중국에서는 다예茶藝, 한국에서는 다례茶禮, 일본에서는 다도라고 한다. 이는 차를 내는 일의 목적이 각각 다르기 때문이다. 중국은 차와 다도의 원조이긴 하지만 나쁜 물 사정상 차가 일상 음료수로 다반사로 쓰이게 되었고, 여기에 상품화가 필요해 차를 내는 동작에 예능적인 요소를 가미해 다예라 하게 되었다. 한국에서는 물이 좋아서 차는 단지 완상玩賞품으로 격상되어 관혼상제 등 예의禮儀 행사에 쓰이게 되면서 다례라 했다. 일본에서는 선종사원과 무사 및 귀족계급 사이에 주로 맛이 강한 말차가 집단의식 행사의 소재로 쓰이면서 엄격한 형식미가 가미돼 다도로 불리게 되었다.

# 차 만드는 봄날은
## 득도의 도량

해마다 4월 20일곡우 전후~5월 20일 전후 한 달 동안 차나무 잎이 자라는 남도 일대 차 마을 사람들은 한 해 농사의 결실인 제다製茶 일로 들뜬다. 특히 4월 20일 전에 나는 '우전차'를 만들기 위해 사람들의 촉각은 4월초부터 차나무 가지에 달라붙어 있다. 우전차란 차의 본향인 중국 강남 지방 기후를 기준으로 한 것이어서 한국에서 내기 어렵다는 것을 알면서도 우전이 그려주는 차에 대한 환상을 내려놓기는 어렵다.

남도에서 사월 무렵이면 매화와 산수유 꽃이 만개하여 완연한 봄기운과 함께 온 천지에 생명의 용솟음이 몸부림치는 때다. 이른 봄 얼음이 녹아 물이 흐르고 꽃이 피는 즈음의 생명 에너지를 '춘의春意'라고 한다. 《역易》 '계사전'에 '자연의 큰 덕은 만물은 낳고 기르는 것天地大德曰生'이라고 했다. 송나라 시인 황산곡黃山谷은 이런 시를 남겼다.

萬里靑天만리청천　　구만리 푸른 하늘

| 雲起來雨운기래우 | 구름 일고 비 내리네 |
| 空山無人공산무인 | 산은 비어 아무도 없는데 |
| 水流花開수류화개 | 물 흐르고 꽃이 피네 |

4, 5월, 지리산과 섬진강이 껴안고 만물을 잉태하고 낳고 기르는 남도 차 마을들, 곡성 구례 하동 광양 순천 보성의 정경이 위 시에 나오는 '수류화개' 바로 그것이다.

추사 김정희 선생과 초의 선사를 비롯한 차인이 즐겨 인용했던 시구에도 '수류화개水流花開'라는 말이 나온다. '정좌처 다반향초, 묘용시 수류화개靜坐處 茶半香初, 妙用時 水流花開', 이를 해석하면 '조용히 앉아 마음 공부를 하고 있는 곳靜坐處에 반쯤 차를 따라놓은 찻잔에 차향이 피어오르고 茶半香初 이런 차와 차향이 발휘하는 자연의 섭리와 더불어 세상에 생명감이 느껴진다' 정도가 되겠다.

이른 봄 차 만드는 일은 자연의 섭리가 와 닿는 이런 묘경에 젖고 취해 누리는 지

🍃 차는 잔을 가득 채우지 않고 반 잔 정도만 따라야 그 위 나머지 잔 빈 곳에 향이 고인다.

어지선止於至善의 행복이다. 동트기 직전 산새들의 합창을 들으며 찻잎을 따러 산속에 드는 데서부터 그 행복은 시작된다. 그 순간 산마루를 타고 내려오며 피톤치드를 담뿍 훑어 담은 공기를 서울 사람들이 맡으면 "달다"고 말할 것이다. 배경음악으로 깔리는 대여섯 종류의 산새 노래는 자연교향곡 그 자체다. 이때 산절로야생다원 홍매화는 붉은 채색의 마술을 부리듯 피어나 춘란에 앞서 은은한 향을 흩뿌려준다. 갓 돋아난 작설 찻잎 한 움큼이 코끝에 전해주는 차향은 이른 봄날의 생명력이 폭발하

는 행복의 절정이다.

문제는 자연이 내려주는 이런 '춘의'를 어떻게 찻잔에 오롯이 담아내느냐이다. 지금은 차의 인기가 낮아짐에 따라 좀 시들해졌지만 한때 화개골과 피아골 등 지리산 일대 찻골에는 '차 도사'가 수백에서 천여 명에 이르렀다. 그들은 대부분 머리를 길러 뒤로 묶고 개량 한복 입기를 즐겼다. 30~40대 젊은 나이에 더부룩하게 수염을 기른 이들도 많았다. 그래서 개량 한복 입고 수염 안 깎고 머리 길게 묶고 산골짜기에 드나드는 이가 있으면 십중팔구 수제차 하는 사람으로 보아도 틀림없을 정도였다.

그들이 머리 땋고 수염 기르고 개량 한복 입는 것으로 도인연道人然하는 것이라면 나무랄 일이 아니다. 도인은 도를 추구하는 사람이고 도를 추구함은 자연의 이법에 가까이 가고자 하는 것이요 하늘이 부여한天命 인간의 선한 본성을 탐구하려는 것이기 때문이다. 하물며 그 수도의 길을 차로써 하고자 함에 있어서야….

그러나 요즘 지리산 골짜기에 개량 한복 입고 머리 묶고 수염 기른 이들이 드문 것은 어째서인가. 우리 전통 수제차가 커피 쓰나미에 밀려나 '쪽'을 못 쓰고 있는 '쪽팔림'은 누구탓인가. '딴 머리·수염·개량 한복'이 허위였을까? 공자는 '교언영색 선의인巧言令色 鮮矣仁'이라고 하셨다. 겉말과 얼굴을 꾸미는 사람 치고 선한 이가 드물다는 말이다. 《서경》 '여오旅獒' 편에는 '완물상지玩物喪志'라는 말이 나온다. 외물에 정신이 팔리면 본심을 잃는다는 말이다.

개량 한복 입고 머리 땋고 수염 기른 '지리산 차 도사'가 자신들의 외

모보다 차의 본성을 알아차리고 그것을 찻잔에까지 그대로 잘 전달해주도록 차 만드는 일에 더 정신이 팔렸더라면 지금 우리 전통 수제차나 대중적인 기계 제다 재배차가 이 꼴이 되었을까. 자연은 올해도 어김없이 수류화개의 춘의와 함께 곱고 향기롭고 아름다운 찻잎을 지리산 골짜기와 섬진강 물줄기를 통해 우리에게 보내줄 것이다. 문제는 인간과 인위와 가식이다.

차는
차다?

"녹차는 원래 냉한 것이어서 몸이 찬 사람이 마시면 해롭고, 많이 마시면 속을 갉아내어 쓰리게 한다"고 말하는 사람들이 있다. 이 말이 퍼지기 시작한 것은 중국 보이차가 범람해 들어오면서부터다. 보이차는 그렇지 않으니 보이차를 많이 마시라는 말과 같다.

녹차의 성질이 차서 문제가 있는 것처럼 말하는 사람들은 《다경》의 한 구절을 이용한다. 육우는 《다경》 '차의 근원'에서 "차의 쓰임은 그 맛이 매우 찬 것이어서 그것을 마시는 데에 적당한 사람은 정성스러운 행실과 검소한 덕을 갖춘 사람이다茶之爲用 味至寒 爲飮 最宜精行儉德之人"라고 하여 차의 찬 성질을 정행검덕精行儉德에 비유하고 있다. 그러나 차가 차다는 것이 온도의 낮고 높음을 말한 것이 아니라 차의 차분한 성질또는 약성을 말하여 차를 칭송하고자 한 것이다. 또 보이차와 녹차를 포함한 차 전반찻잎을 말한 것이지 녹차에 한정하여 말한 것도 아니다.

차가 원래 냉한 것이라면 그런 찻잎으로 만드는 녹차건 보이차건 홍차건 가릴 것 없이 모든 차가 냉하다고 해야 한다. 그런데 왜 유독 녹차만 냉하고 해로운 것처럼 소문이 나도는가? 이것이 녹차와 경쟁하는 다른 차의 장사꾼들이 헛소문을 퍼뜨린 혐의를 받을 수 있는 이유이다. 심지어 녹차를 마시면 몸이 차가워지고 보이차를 마시면 몸이 금방 달아오른다고도 한다. 차의 본질을 모르는 데서 나오는 착각이거나 호들갑이다. 똑같이 뜨거운 물을 부어 마시는데 어떤 차는 몸을 식히고 어떤 차는 몸을 금방 달구어주는가 말이다. 그렇다면 여름 내내 뜨거운 녹차만 마셔도 피서가 될 일이다.

《역》 《태극도설》 그리고 동양의학의 고전인 《황제내경》 등에 녹아 든 중국 철학의 한 갈래인 음양오행설은 모든 사물과 현상을 음과 양의 대립과 조화로 본다. 정지 고요 차가움은 음이고, 활동 떠듦 따뜻함은 양이다. 그러나 이것은 어디까지나 상대적인 개념이고 형이상학적 추론이다. 여건에 따라서 음이 양이 될 수도 있고 양이 음이 될 수도 있다.

약으로 쓰이는 모든 식물도 그 성질에 있어서 음성 양성으로 구분된다. 동양 의학적인 음양 개념에 따르면 차는 일단 음성으로 구분될 수 있다. 찻잎의 온도가 그렇다는 말이 아니라 약성이 그렇다는 뜻이다. 다른 식물보다 그늘이 더 많은 곳에서 생육하는 '음지식물'이기 때문이다. 그러나 이 '약성'의 음성과 양성이란 차갑다 뜨겁다 하는 물리적 성질과는 구별되어야 한다. 사람 감각으로는 느낄 수 없는 미묘한 기운이 논리적으로 그렇다는 일종의 상대적 가정이다. 만약 녹차뿐만 아니라 모든 차가 사람 몸에 들어가 문제를 일으킬 정도로 찬 성질을 띤 것이라면 차는 여름에 또는 시원한 것을 찾는 사람들에게 날개 돋은 듯 팔리고 그 때문에 아이스크림 사업은 금방 망하게 될지 모른다. 그러나 차가 5000년 역사를 거치는 동안 그런 일은 없었고 앞으로도 있을 리 없다. 냉성이라는 '한 근본'의 차나무 잎이 어떤 인위적인 힘에 의해 '녹차'와 '보이차'로 나뉘어 그 속에 든 자연의 섭리가 정 반대로 바뀐다면 그것은 자연의 이법을 거스르는 일이고 차의 덕성을 근본적으로 뒤엎는 일이다.

차를 마셨을 때 속이 쓰린 현상은 녹차건 보이차건 마찬가지다. 커피를 마셔도 마찬가지다. 차나 커피와 같은 음료수는 자극성이 있어서 예민한 사람이나 속이 빈 사람이 마시면 위벽을 자극하여 위산 과다 분비를 야기하기 때문이다. 오히려 차의 그런 기능이 소화효소 분비를 촉진하여 소화를 돕는 효과를 준다. 조선 후기, 같은 시기에 강진과 제주도에 귀양 갔던 다산과 추사 선생은 차로써 귀양객의 허약해지기 쉬운 심신을 다스리며 작품 활동과 저술에 진력할 수 있었다. 특히 다산은 체증을 차로 다스렸다고 한다. 다산은 백련사의 혜장 선사에게 "죽은 사람 살리는 셈 치고 차를 달라"고 애걸했다. 추사도 초의에게 거의 협박에 가까운 차 애걸을 했다. 당시 그들이 마신 차는 제다술이 저급했던 초기엔 떡차, 나중엔 녹차였지 순 발효차인 보이차가 아니었다. 이는 차를 많이 마시면 위를 상하게 한다거나 '차는 냉한데 보이차는 그렇지 않다'는 말을 논박하는 대목이다.

# 토종 블루베리 정금,
## 산절로 정금 과수원

초가을의 산절로야생다원은 들머리에서부터 산의 빛깔은
물론 냄새까지 달라져 있다. 풀이 시들어가는 냄새가 싱그
럽고 구수하다. 그 냄새를 타고 메밀잠자리들이 누렇던 아랫배를 빨갛
게 바르고 한결 바삐 날아다닌다. 그 빨간색은 수컷을 유혹하기 위한 것
일까? 아니면 산색이 붉게 변해가는 데 맞추는 보호색일까? 나는 고추
잠자리가 떼 지어 숲을 헤치고 다니는 것을 보면서 단풍이 산절로야생
다원엔 유난히 많다고 느껴졌다.

빨간색? 문득 생각이 미치자 단풍 숲 깊은 곳으로 들어갔다. 예쁜 순
도의 노랗고 빨간색 잔 이파리들이 하늘거리고 있는 나무가 이곳저곳에
유난히 많이 보였다. 전에 보지 못한 현란한 단풍이어서 더 가까이 가보
았다. 이파리들 사이에 아이들 새끼손가락 마디만 한 검보라색 열매가
수없이 달려 있었다. 처음 보지만 정겨운 조우를 하는 기분이었다. 첫 대
면이지만 오랜 친구를 만난 듯했다. 한 주먹을 따서 쥐고 집으로 왔다.

식물도감을 뒤졌다. '정금'이라는 열매였다. 불현듯 어머니가 그리워

익은 정금                  정금따기

졌다. 부처님보다 더 인자하셨던 우리 어머니 정 자, 포 자, 금 자. 그 이
름에서 한 글자를 빼면 바로 '정금'이다. 그보다도 우리 형제들이 어렸
을 적 어머니는 정금이라는 산열매를 자주 말씀하시곤 했다. 해마다 가
을에 할아버지가 땔감으로 산에서 풀을 베어 오시는데, 할아버지 나뭇
짐에 종종 섞여오는 게 정금나무였더라는 것, 거기에 새까만 열매가 간
혹 달렸는데 그 맛이 시큼 달콤 겁나게 맛나더라는 것. 어머니는 그 이
야기를 꼭 한겨울 이불 속에서 들려주시곤 했다. 지리산 포수 이야기와
함께. 그러나 우리 형제 중 그 정금을 맛봤다는 사람은 없었다. 어머니
에겐 겁나게 맛있는 그 정금이 아마도 아이들한테 주기엔 별로 좋은 과
실은 아니라고 생각하셨을 것이다. 어머니가 겁나게 맛있는 과일을 혼
자 잡술 분이 절대 아니었으므로.

나는 '정금'이라는 단어를 확인하는 순간 정금 열매를 입으로 가져갔다. 어머니가 보증한 열매이니 망설일 필요가 없는 일이었다. 누구에게나 어머니 말씀은 성경 말씀이 아닌가. 정말 겁나게 새콤달콤했다. 약간 한약 냄새가 나는 듯하면서 톡 쏘는 기색도 있었다. 그 냄새와 맛이 감히 토속적이었다. 이튿날 산절로야생다원에 오른 것은 순전히 정금을 더 따기 위해서였다. 예전에 야산에서 차나무 탐색을 했듯이 이제는 정금나무 탐색에 나섰다. 한두 그루가 아니었다. 온 산이 정금나무 과수원이라고 할 정도였다. 한 30분 정도 세어본 것만 해도 100그루가 넘었다. 씨가 떨어져 돋아난 2세 나무들은 아직 열매를 달고 있지는 않았지만 셀 수 없이 많았다. '산절로야생정금과수원'이라고 별칭을 붙여볼까?

정금을 한 자루 가득 따 가지고 돌아왔다. "악아아가야~ 그게 정금이란다" 하는 어머니 말씀을 몇 해 만에 듣는 것 같았다. 어머니가 들려주신 '정금의 추억'이 나에게 큰 선물을 안겨준 것이다. 돈이나 시간으로 만들 수 없고 어느 누구도 갖지 못한 야생 정금 과수원. 식물도감에는 정금이 '토종 블루베리'라고 쓰여 있었다. 나는 정금으로 술을 담갔다. 한 달 뒤 정금주는 진보라로 익어갔다. 쌀쌀한 바람이 계절을 초겨울로 밀어낼 즈음, KBS 기자 입사 동기인 김용관 제주 총국장과 3년 후배인 정찬호 기자가 내려왔다. 둘은 두 되들이 정금주를 잣커니 권커니 수작酬酌을 벌여 밤새 바닥을 보았다.

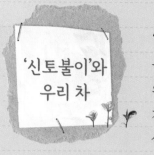

**'신토불이'와 우리 차**

'신토불이身土不二, 몸과 흙이 둘이 아니다'라는 말은 '우리 몸을 이루는 기혈의 성질과 우리가 나서 자란 땅의 기운의 성질이 같다'는 메시지다. 즉 몸이 나서 자란 땅의 기운과 그곳의 햇볕과 공기의 기운을 안고 있는 농수산물을 음식으로 섭취해야 건강하다는 것이다.

동양의학은 우리 몸이 정기신精氣神으로 이루어진 것으로 본다. 여기서 정과 기는 물질적인 것이고 신은 거기에서 발하는 정신적 부분이다. 기혈氣血이라고 하여 혈과 기를 같이 취급하기도 한다.

정기를 이루는 것은 타고 난 원기 및 후천적으로 섭취한 음식물과 공기청기다. 원기는 부모를 통해서 얻는 것이므로 정기혈은 모두 자연이 주는 것이다. 그 '자연'은 땅과 하늘역에서 말하는 건곤(乾坤)이다. 즉 우리 몸은 우리가 태어나 자란 땅과 하늘의 기운으로 이루어져 있다고 할 수 있다. 우리 몸은 살아 있는 동안 끊임없이 외부로부터 음식물을 통하여 자연의 정기를 보충받아야 한다. 그 음식물에 우리 몸을 이루는 기혈의 성질과 이질적인 기운이 있다면 그것이 우리 몸에 들어갈 경우 우리 몸의 기존의 기혈의 순환과 충돌을 일으킬 수 있다고 보는 게 '신토불이' 이론이다. 즉《역》에서 말하는 '건곤의 조화'가 깨진다는 것이다.

동양의학에 '통즉불통 불통즉통通卽不痛 不通卽痛, 기혈이 통하면 아프지 않고 기혈이 정체되면 아프다'라고 하여 침뜸술로 기혈의 막힘을 풀어주는 치료 원리가 있다. 이처럼 기혈의 원만한 순환은 건강과 직결된다. 이 원리에 따라 우리 몸을 이루고 있는 기혈의 성질과 같은 성질의 기운을 띤 음식물, 즉 우리가 나서 자라고 현재도 살고 있는 이 땅에서 난 음식물이른바 '토종 식품'을 섭취하라는 게 '신토불이'의 속뜻이다.

여기서 유의할 것은 예컨대 오랫동안 프랑스에 가 있는 한국 유학생이 한국에서 담근 김치 된장 고추장을 가져다 먹는 것은 신토불이 원리에 맞지 않다. 그 사람은 이미 오랫동안 프랑스 땅과 햇볕의 기운에 적응돼 있기 때문에 프랑스에서 난 배추에 프랑스에서 난 젓갈로 '프랑스식 김치'를 담가 먹어야 한다. 한국전쟁 참전 미군이 풍토병을 염려하여 꼭 미제 음식만 먹은 탓에 오히려 더 한국 풍토병에 대한 저항력이 약해졌다는 설도 있었다.

신토불이 이론을 차茶에 적용하자면, 한국 사람은 마땅히 한국 땅에서 나서 자란 찻잎으로 한국 가마솥에서 한국 전통 방식으로 제다한 한국 전통 덖음 녹차를 마시는 게 좋다. 중국 사람은 중국 찻잎으로 만든 중국 녹차나 보이차, 티베트나 몽골 사람은 녹차보다는 채소 대용인 보이차 계통, 일본 사람은 일본 땅에서 난 찻잎으로 만든 일본식 증제 녹차나 말차를 마시는 게 좋다. 한국 사람이 티베트나 몽골 등 채소가 나지 않는 추운 지방 사람들이 비타민 공급용으로 장기간 쟁여놓고 먹는 보이차를 깊은 이해나 품질의 우열에 관한 논리적인 판단 없이 그저 '좋으려니' 하는 생각만으로 마신다면 신토불이 개념에 맞지 않는 일이라고 할 수 있다.

# 제다는 ✑
# 가르쳐줄 수 없다?

내가 차를 알기 시작했을 때부터 지금까지 정밀하게 파악하고자 하는 것은 '다도'지만, 그보다 더 중요하게 생각하는 것은 제다製茶, 즉 '생 찻잎의 환상적인 향을 살리는 좋은 차를 어떻게 만드느냐'다. 한국 차 문화가 정체를 면치 못하고 제자리에서 헛발질만 하고 있는 것은 핵심이 빠져 있는 탓이고, 그 핵심은 바로 '차다운 차'다. 한마디로 한국에 차다운 차, 그 환상적인 차향을 품고 있는 차, 말하자면 '좋은 차'가 있느냐다. 내가 맨 처음 우리 차를 대했을 때의 느낌은 '왜 이런 별것도 아닌 차를 두고 선조들이 침이 마르게 칭송했으며, 왜 지금 차인들은 그렇게 난리일까'였다. 나뿐만 아니라 차를 대하는 사람들 가운데 나와 같은 생각을 갖는 사람이 적지 않을 것이다. 이는 요즘 한국 차와 차 문화가 시들고 있는 원인과 직결되는 문제이기도 하다. 무슨 일이든 핵심과 바탕이 중요하다. 공자는 '회사후소繪事後素'라 했다. 그림 그리는 일은 좋은 바탕흰 비단이나 종이이 있고 난 뒤의 일이고, 사람도 본바탕이 좋아야 학식이나 화장이 돋보인다는 뜻이다. 문화도 마찬가지다. 문화의 문文 자는 무늬 문紋에서 나온 것으로 본디 꾸미고 색칠한다는 뜻을 갖는다. 인간사事에서 어떤 본바탕자연에 색칠하고 꾸민 결과가 쌓인 것이 인문人文이고 문화文化다. 차 문화도 '차'라는 본바탕을 두고 이루어지는 것이다. 그러나 한국의 차 문화는 그렇지 못하고 헛돌고 있다는 게 비극이다. 또한 대부분의 사람이 그런 문제의식을 느끼지 못하거나 느끼고 있더라도 입을 다무는 이상한 풍조가 만연돼 있다는 게 한국 차의 또 다른 비극이다.

산절로야생다원 일구기는 한마디로 조상들이 누렸던 '비료 농약이 닿지 않은 찻잎'으로서 마시면 도의 경지에 이르는 좋은 차를 만들기 위한 작업이다. 좋은 차를 만들기 위해 선조들이 거느렸던 야생차밭을 탐사하면서 야생차의 생태를 관찰하고, 차 씨를 심는 일에서부터 야생차나무가 자라는 것을 지켜보면서 산절로야생다원을 일구어왔다. 산절로야생다원을 일구는 과정에서 한 번도 제다의 중요성이 내 머리를 떠난 적이 없다. 그러나 한국 차의 제다 문제의 실상이 이와 같으니 제다를 누구로부터 배울 수도 없고 마땅한 자료도 없었다. 보성에 전라남도 도립 차 시험장이 있으나 그곳에서 획기적인 업적을 이루어 한국 차가 내로라 할 정도로 좋아졌다는 보고는 아직 없다. 차 시험장에서도 제다에 관한 연구를 하고 또 몇몇 대학에서도 공공기관으로부터 거액의 연구비를 받아 제다에 관한 연구를 한 것으로 알려져 있으나 신통한 결과가 나와 실용화됐다는 보고가 없다. 좋은 차란 어떠해야 하는가, 그런 차를 만드는 제다는 어떻게 이루어져야 하는가 등 차의 본질에 관해 진지하게 생각해보지 않고 수박 겉핥기를 하니 떼돈 쓰면서 헛 폼만 잡는 격이다.

나는《차 만드는 사람들》에 나온 사람들 가운데 그래도 괜찮은 정도라고 생각되었던 두 사람의 설명에 따라 제다를 하기로 했다. 가장 중요한 게 차 덖는 솥의 온도였는데, 첫 솥은 350도 이상, 둘째 솥은 250도 이상, 그리고 마무리 솥은 섭씨 80~100도로 하고, '구증구포(九蒸九曝)'라는 말대로 가능한 한 여러 번 솥에 들어가는 것이 좋다는 것이었다. 그렇지 않으면 차가 익지 않아서 풋내가 나고 구수한 맛도 떨어진다는 것이었다. 이 설명에 따라 본격적인 제다를 하기 위해서 봉조리 농촌체험학교와 오곡면 미산리마을회관에 차렸던 산절로야생차 제다 캠프를 2005년부터 함평군 신광면 ○○마을 야생차 군락이 있는 산 아래 밭 가운데에 컨테이너를 설치하고 옮겼다. 몸이 건장한 함평 청년 한 사람과 함께 그곳 부녀자들에게 품삯을 주고 따 온 찻잎으로 3년 동안 제다를 했다.

제다를 할 때는 레이저 온도계를 구해 첫 솥은 350도로 맞춰 제다를 했다. 찻잎은 4월 말경부터 5월 중순까지 한 보름 동안 정해진 기간에만 쏟아져 나오기에 한꺼번에 많은 양2킬로그램 안팎을 넣고 제다를 해야 했으므로 350도라는 높은 온도가 아니면 한꺼번에 익힐 수도 없는 일이었다. 다만 연한 찻잎이 불덩이 같은 솥바닥에 닿아 순간적으로 타버리는 것을 막기 위해 많은 양을 순간적으로 뒤적거려주는 일이 차 덖기에서 가장 중요한 일이었다. 나는 함평 청년과 함께 마치 '전쟁하듯' 온 힘을 발휘해 뜨거운 솥에서 찻잎을 태우지 않고 익히는 싸움을 벌였고, 그것을 무용담 얘기하듯 글과 말로 쓰고 자랑하기도 했다.

한 해의 제다가 거의 끝나갈 무렵인 2010년 봄 어느 날, 제다를 거들어주던 식구 가운데 한 사람이 뜨거운 솥에 많은 양의 찻잎이 들어가 따닥따닥 소리를 요란하게 내며 덖어지고 있는 모습을 보면서 뭔가 이상하다는 이야기를 했다. "꼭 고춧잎 데치는 냄새가 난다"는 것이었다. 나는 불덩이 같은 솥바닥에 물기 머금은 찻잎이 데이니 그럴 것이라고 생각하며 뜨겁게 덖은 찻잎일수록 우리면 좋은 향이 날 것이라는 막연한 기대감을 말하고 넘어갔다. 그런데 차를 먹어본 사람들은 재배차보다 훨씬 좋기는 하지만 늘 차 맛이 독하다는 이야기를 했다. '환상적인 향이 난다'는 말을 기대했기에 '독한 맛이 난다'는 말은 뭔가 이상이 있다는 말로 들렸다. 원인을 찾기로 했다.

'절실하면 통한다'라고도 하고 '미치면 미친다'라고도 한다. 2011년 봄 곡성에 있는 산절로야생다원에서 처음으로 찻잎을 따서 실험 제다를 하기로 했다. 4월 끝 무렵 어느 날 산신령께 감사하는 마음으로 산절로야생다원에서 세상 처음으로 찻잎을 따서 가까운 순천 쪽에 있는 지명 스님 제다방으로 갖고 갔다. 함평에 임시 제다 캠프를 차려놓고 있던 때라 곡성 산절로야생다원에는 아직 제다 시설이 없었다. 남의 집 눈치도 보이고 찻잎 양도 얼마 되지 않아서 연한 불로 설렁설렁 덖는 둥 마는 둥 해서 일을 끝냈다. 그런데 그것이 산절로 제다에 있어서 '천지개벽'의 계기였다. 그날 오후에 지명 스님 등 여럿이 앉아서 그 차를 마셔보니 내가 찾던 환상적인 '난향'이 거기에 들어 있었다. 전에 나에게 "차를 만들지 말고 내 차를 사 마시라"고 했던 지명 스님 낯빛을 보니 놀래고 당황스런, 그러나 애써 안 그런 척하는 기색이 보였다.

'해결책'은 거기에 있었다. 함평에서 뜨거운 솥에 많은 양의 찻잎을 넣

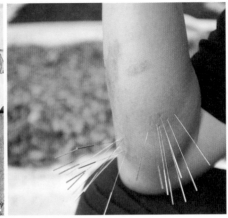

지허 스님의
차 덖기 시범

산절로 차 덖는 일꾼의 데인 팔뚝에
침을 놓아 화상을 치료함

어 덖을 때 '고춧잎 데치는 냄새'와 마실 때 '독한 맛'이 났던 원인을 알
게 됐고, 그것을 해소하여 '본래의 환상적인 난향이 나는 차'를 만들어
내는 제다의 길이 보였다. 너무 뜨거운 솥에 한꺼번에 많은 양의 찻잎을
일시에 덖어내는 일의 무리함은 자연을 거스르는 일이고 동시에 인간에
게 자연의 이법을 전해주는 미덕을 갖춘 차에 대한 예의가 아니라는 생
각이 들었다.

나는 차를 구가했던 선조들이 유독 제다에 관해 상세한 설명을 남기
지 않았음을 한탄하며 차에 관한 옛 기록을 다시 들추어 보았다. 역시
도움이 되는 설명을 찾을 수 없었다. '다성'으로 일컬어지는 초의 선사의
《동다송》을 들여다보았다. 거기에 초의 제다는 찻잎이 단 두 번 솥에 들
어가는 것으로 돼 있다. 첫 솥은 '익히기', 두 번째 솥은 '말리기'다. 각각

의 온도는 얼마라고 명시돼 있지 않다. 당시에 온도계가 없었으니 당연한 일이다. 첫 솥의 경우 적당히 뜨겁게 하고 도중에 불길을 늦추지 말라고만 했다. 자연의 이치에 맞게 하라는 뜻일 게다. 그것이 진리였다. 선현의 부산하지 못함을 탓한 것이 죄스럽게 느껴졌다.

이런 절차탁마를 거쳐 '산절로 제다'가 완성된 것은 산절로야생다원의 찻잎으로 곡성군 고달면 호곡리에 있는 산절로제다공방에서 본격 차를 만들게 된 2013년 봄의 일이다. 첫 솥은 연한 불을 길게 때서 바닥에 손을 댔을 때 금방 데이지 않을 정도의 온도로 하고 찻잎은 혼자 다루기에 부담이 되지 않을 1킬로그램 안팎의 양을 넣고 1, 2분을 기다린 뒤솥에서 향긋한 차향이 올라올 즈음 위아래를 뒤집어 덮어주었다. 그러기를 20분 안팎 동안 하면 마침내 솥 안에서 난향처럼 은근 향긋한 차향이 올라온다. 이렇게 만든 산절로 야생 수제차는 우려냈을 때 생 찻잎이 풍겨내던 환상적인 차향을 한껏 온화하게 '모두어' 전해준다. 어떤 이들은 자신이 제다한 차에서 간혹 어떤 경우에 얼핏 나는 이 향을 '허브 향'이라 하여 자신의 제다법이 '비법'인 양 착각하기도 한다. 그것은 고온제다 중 어쩌다 온도를 낮춘 첫 솥이 빚은 '실수의 선물'이었을 터이다.

한국의 제다에 있어서 '구증구포'의 미신에 썰 채 제다와 차의 본질에 대한 고민 없음이 한국의 차와 차 문화를 삼켜버리고 나아가서는 차 산업의 운명까지 망쳐놓고 있는 현실이 안타깝다. 오늘날 한국의 차가 쇠잔해가고 있는 모습은 자연의 미덕을 전해주는 차를 '차'로서 대하지 않고 떼돈을 벌어주는 상품으로만 보고 급히 대량으로 만들어내고자 하는 '욕심'이 빚어낸 진풍경이다. '제다는 가르쳐줄 수 없다'는 오만과 욕심을 버리고 자신이 터득한 제다의 요령을 공개하고 가르쳐주고 서로 토론하여 보완하는 '열린 마음'이 차의 미덕에 걸맞은 자연의 모습이고 한국의 차를 살리는 보약이다.

**한국 차
제다의 마귀
'구증구포'**

차에 있어서 가장 중요한 것은 향春이고 찻잎이 품고 있는 자연의 좋은 차향을 어떻게 완제품 차에 잘 간직해 내느냐는 제다 과정에서 판가름 난다.

　요즘 한국에서 차를 마시는 차인이나 차를 만드는 제다인들 가운데는 '구증구포九蒸九曝'라는 말을 신주단지처럼 받들고 있는 사람이 많다. 어떤 차 통에는 '구증구포의 대가가 만든 차'라고 써놓기도 했고 또 어떤 국가 공인 '차의 대가'라는 사람도 자신의 차 통에 '구증구포로 만든 차'라고 자랑스럽게(?) 박아놓았다. 이처럼 '구증구포'라는 말이 아무런 생각이나 반성 없이 우리 차계에 유통되는 현상은 한국 차계의 천박성을 드러내는 일이다.

　'구증구포'는 '아홉 번 찌고 아홉 번 말린다'는 뜻이다. 이 말은 중국 차 역사에는 나오지 않고, 다산 정약용 선생이 강진 보림사에서 차를 만들던 즈음 아는 이에게 보낸 〈범석호의 병오서회 10수를 차운하여 송옹에게 부치다〉라는 시의 둘째 수에 '지나침을 덜려고 차는 구증구포 거치고'라는 말로써 나온다. 그 무렵 다산은 떡차 *《새로 쓰는 조선의 차 문화》, 정민 지음, 김영사, 2011, 128쪽*
를 만드는 방법으로 '삼증삼쇄'를 말하기도 했다. 당시 다산은 강진에서 가까운 장흥 보림사에 가서 대밭에 난 야생찻잎을 따서 발효酸化차 계통의 떡차를 만들었다. 그 야생차는 지금처럼 기름기 있는 음식을 많이 먹지 못하던 당시 사람들이 마셔야 하므로 강한 기운을 순화시킬 필요가 있었을 것이다. 그래서 '(지나침을 덜려고) 여러 번 찌고 여러 번 말린다'는 뜻의 '구증구포'라는 말이 나왔다. 여기서 9가 꼭 아홉 번을 말하는 것은 아니다. 9는《역易》에서 양陽의 수를 대표한 다음의 수는 6이 대표한다. 양의 수는 홀수로서 짝을 찾는 역동성을 지닌다. 즉 9는 '많음'과 역동성을 뜻한다. 차를 구증구포로 만든 것은 찻잎을 활발하게 많이 쪄서 기운을 약화시킨다는 뜻이다.

다산이 만들던 발효酸化 계통의 떡차는 지금의 녹차처럼 차가 본디 지닌 자연의 향을 지향한 차는 아니고 단지 약처럼 마시던 차였다. 한약재를 만들 때 약의 성질을 그 쓰는 경우에 따라 알맞게 바꾸기 위하여 정해진 법제法製대로 만드는 것을 '수치修治, 닦고 다스림'라고도 했다. '수치'는 '수기치인修己治人, 나를 먼저 닦고 남을 다스림'의 약자로서 겸손, 겸허, 신중愼獨, 배려恕 등을 덕목으로 삼는다. '수치'라는 말은 아무 논리도 없이 찻잎을 함부로 솥단지에 여러번 들락거리게 하면서 갖다 붙일 말은 아니다.

이렇게 볼 때 덖음 녹차를 만들면서 '구증구포'라는 말을 써서는 안 된다. 녹차는 제다 발전 초기에, 그리고 다산과 초의가 애초에 만들던 발효 계통의 떡차와 달리 생 찻잎이 품고 있는 싱그럽고 은은하고 환상적인 자연의 차향을 중시하여 만든 차다. 그런데 향은 열에 약하다. 생 찻잎이 뜨거운 솥에 아홉 번씩 들어갔다 나오면 본래의 차향이 남아 있을 수가 없다. 이 자연의 원리를 모르거나 별생각 없이 제다를 해온 사람들은 한국 전통차의 특성을 '구수한 향'이라고 견강부회한다. 차를 두고 '구수한 향' 운운하는 것은 숭늉, 보리차, 옥수수수염차 같은 대용차를 두고 할 말이지, 지고지선의 자연의 향을 살려야 하는 녹차를 두고 할 말은 아니다. 뭐든지 눋게 하거나 약간 태우면 '구수한 향'이 나온다. 커피콩을 태운 커피는 너무 구수한 나머지 쓴맛과 코를 콕 찌르는 향이 나지 않던가.

차와 관련하여 의미와 맥락을 모르는 말을 마구 쓰는 것은 대중에게 차에 대한 인식을 잘못 심어주고 한국 차의 질과 차 문화를 퇴행시키는 일이 된다. '구증구포'라는 말이 사라지고 한국 전통 덖음차의 차향이 '구수함'의 마귀에서 벗어나지 않는 한 한국 차와 차 문화는 퇴보를 면치 못할 것이다.

# 미치면 미친다

돌이켜보니 산절로야생다원에 차 씨앗을 심은 지 10년의 세월이 흘렀다. 길도 없는 곡성 산속에 들어와 맨땅에 헤딩한 것이 50대 초반이고 지금 이순을 지났으니 말이다. 그사이에 적잖은 돈이 들었고 피땀 흘린 것과 정신적 고통을 생각하면 돈으로 계산이 나올 일이 아니다. 그 돈과 노력으로 다른 사업을 했더라면 더 성공했을지도 모른다. 그러나 산절로야생다원이 주는 무형의 재산은 들인 노력의 몇 배에 해당하는 것이라 생각한다. 야생차나무가 숲을 이루고 봄이면 다른 곳에서 보기 어려운 일곱 가지 홍매화가 군데군데 피어 자연의 화음과 함께 '봄의 교향곡'을 구현하니 이보다 좋은 자연 정원이 어디에 있을까.

무엇보다 남이 하지 않거나 할 생각을 못하는 일을 해냈다는 사실이 기쁘다. 남이 하지 않거나 할 생각조차 하지 않는 것이란 해봐야 이득이 없거나 불가능하다고 생각되는 일일 것이다. 다수가 정상이라고 생각하여 모두들 한쪽으로 달려가고 있는 세상에서 다른 쪽을 바라보거나 그

쪽으로 가는 것은 그 사회에서 '비정상'에 속한다. 다수가 비정상적인 일이라고 하여 손대지 않는 일을, 그것이야말로 해볼 만하다고 붙드는 것은 심하게 말하면 '미친 짓'일 수 있다. 그러나 세상에는 간혹 '미친 짓'으로 보이는 일이 창조적인 결과를 낳지 않던가.

별것 아닌 야생다원 조성을 두고 요란 떨 일은 아니지만, 나에게 있어서 산절로야생다원 일구기는 '성공한 쿠데타'가 아니라 '성공한 미친 짓'이 아닌가 생각된다. 내가 처음 야생다원 터를 구하려고 곡성에 내려왔을 때 삼성공인중개소 김재서 어른은 나를 데리고 산에 다니면서 껄껄껄 웃는 일이 잦았다. 수십 년 땅 매매를 중개했지만 돈이 없으면 관두지 깊은 산속 맹지를 사서 도대체 어디에 쓰려 하느냐는 듯한 눈치였다. 생업상 중개는 성사시켜야 하나 그분의 성품상 그런 땅을 소개하는 것을 양심이 허락지 않는 눈치였다. 그렇게 산속 헤매기를 6개월, 그분이나 나나 온몸이 산딸기덩굴 가시에 난자당한 상처투성이였다.

최종 결정된 야생다원 터는 높게 쌓아올린 옹벽 위에 놓인 철로로 꽉막힌 곳이었다. 섬진강을 눈앞에 두고 있지만 높은 옹벽과 씽씽 달리는 기차 때문에 사람들이 드나들 수도 없고 드나들 필요도 없어서 전인미답의 밀림과도 같았다. 앞이 안 보일 정도로 잡목이 우거져 있었다. 왜 이런 땅을 사게 되었는지, 무슨 귀신에 홀렸던 건 아닌지 자문해보았다. 내가 정상이 아님을 간파했던 땅 주인그 사람도 남원에서 수 십년 째 복덕방을 운영하는 사계의 고수였다은 철로로 갈라진 옹벽 아래 손톱만 한 자투리땅까지 비싼 값으로 떠안겼고 나는 그것을 당연한 줄 알고 암말도 하지 못했다.

눈앞에 막막함이 먼저 찾아왔다. 맹지에 길을 내는 문제였다. 맹지도

미치면[狂] 미친다[及·至]

보통 맹지가 아니었다. 철로와 옹벽이 가로막고 있으니 뜯어 옮기거나 가로질러 새 길을 낼 수 있는 사정과는 거리가 멀었다. 산속에서 절실한 마음으로 그림을 그려봤다. '막히면 돌아가라' '궁하면 통한다'는 말이 떠올랐다. '맞아! 내가 걸어 들어왔던 터널 위를 가로지르는 길을 내는 것이다.' 곡성군청 산림과에 작업로 개설 허가 신청서를 냈다. 터널 위 땅 소유주인 철도시설관리공단의 동의서와 철로 주변 땅 주인의 동의서를 내라고 했다. 철도시설관리공단은 터널 주변 안전망 설치를 조건으로 동의를 해주었다. 그런데 안전망은 나중에 내가 내는 작업로 공동 이용을 조건으로 철도시설관리공단이 스스로 설치했다. 철로 아래 산은 주인이 서로 사이가 좋지 않은 사촌 삼형제로 돼 있었다. 그중 두 사람은 시세의 20배 가격을 요구했고 나머지 한 사람은 연락조차 되지 않았다. 두 사람이 전체 땅 소유주를 대표해서 도장을 찍는 것으로 김재서 어른이 증인이 되고, 나중에 문제가 발생하면 임시 조치법 등에 의거하여 처리하기로 하고 600만 원을 지불했다.

해결이 어려워 보이던 길 문제가 풀리고 나니 또 다른 길 문제가 기다리고 있었다. 철로 옹벽 아래를 지나는 구철로가 있는데 이미 폐철로가 되어 당연히 철거 또는 방치될 것으로 믿고 그 위 어느 부분을 메워 차가 지나갈 수 있을 정도로 길을 내면 될 것이라고 생각하고 있었다. 그런데 구철로를 곡성군이 사들여 관광 증기기관차를 운영할 계획을 세워놓고 있었다. 곡성군에 사유재산권 행사를 할 수 있도록 구철로 해당 구간에 건널목을 설치해달라고 요구했다. 사유재산권 행사보다 공공시설 유지가 우선이라고 강변하면 재판하기 전에는 어찌할 수 없는 일이었다. 곡성군은 한 군데에 건널목을 설치해주면 다른 여러 곳에도 건널목을 설치해달라고 요구가 밀려들 것이니 곤란하다는 답변을 보내왔다.

당시 곡성군수는 이즈음 야생차가 갖는 의미에 대한 설명과 곡성에 다른 곳에 없는 야생다원을 조성한다는 말을 경청하는 모습이었다. 곡성군민 전체를 위한 야생차 지원 대책을 세워보라고도 했다. 그리고 나중에 곡성군 농업기술센터에 녹차지원계가 생겼다. 직원이 현장에 달려와서 조사를 했다. 새 철로 옹벽 아래에 겨우 차 한 대가 지나갈 만한 틈새 땅이 보였다. 곡성군이 소유하게 된 구철로 부지에 딸린 것이었다. 곡성군은 내가 사들인 산에 이어 그곳으로 길을 냈다. 이렇게 해서 가장 난관인 길 문제는 해결되었다. 그때 낸 길은 지금 곡성군이 운영하는 섬진강 둘렛길로 이용되고 있다.

이후 야생다원 터 둘렛길을 내며 포클레인 기사에게 3배의 바가지를 쓴 일, 간벌을 하며 사기를 당한 일, 간벌꾼이 나를 한쪽에 잡아두다시피 하고 강 건너 산 아름드리 육송을 전부 베어간 일, 야생차 씨앗을 수소문하여 비싼 값으로 한 트럭 분량 구해온 일, 쓰쓰가무시에 걸린 줄도 모르고 고통을 참고 인부들과 차 씨를 심은 일, '곡성 불발탄'의 협박에 300만 원을 갈취당한 일 등 정상적인 경우 당하지 않아도 되거나 당하면 포기하고 말 일을 숱하게 겪었다.

2013년 11월 10일 현재 산절로야생다원 조성 손익계산서는 손익분기점을 넘었다. 우선 지금 곡성의 임야 가격은 길과 이어지는 곳은 평당 15000원 안팎으로 호가된다. 산절로야생다원 터는 10년 전 평당 3000~6000원씩 주고 산 땅맹지 임야이지만 섬진강에 붙어 있고 길이 잘 나 있으니 땅 가치로만 따져도 상당히 올랐을 것이다. 거기에 10년 이상 자란 야생차나무가 숲을 이루고 있고 다른 곳에 드문 다양한 홍매화와 각종 체리나무가 야생을 지향하며 들어서 있다. 그냥 맨땅이 아니라 해마다 차다운 차와 각종 건강 과실을 내주는 야생다원이자 종합 야생 과수원이어서 해가 갈수록 즐거운 돈벌이를 가능하게 해주기도 할 것이다. 무엇보다 '종다·채다·제다·팽다·끽다'에 이르는 전일한 전통 다도를 체득하게 된 것이 큰 보람이다.

다시 돌아볼수록 코끝이 찡해진다. 나는 산절로야생다원을 일구면서 무슨 일이든 마음을 비우고 자연의 '스스로 그러한' 이치를 생각하며 한 방향으로 나아갈 때 절실하면 문이 열린다는 사실을 여러 번 실감했다. 《중용中庸》에서 말하기를 "《서경書經》 '강고康誥' 편에 이르기를 '갓난아이 보호하듯 한다' 하였으니, 마음에 진실로 구하면 비록 꼭 맞지는 않으나 멀지 않을 것이다. 자식 기르는 것을 배운 뒤에 시집가는 자는 있지 않다書經 康誥曰 如保赤子 心誠求之 雖不中 不遠矣 未有學養子以后 嫁者也"고 했다.

《미쳐야 미친다》라는 책이 있다. 그 책 제목처럼 일부러 미칠 필요는 없지만 가다 보면 어느 결에 미친 것같이 보일 지경에 이르게 되고 이윽고 미치게及 된다. 즉 미치면 미친다.

**커피와 녹차의 카페인 문제**

얼마 전 식품의약품안전청은 우리나라 국민의 카페인 섭취 수준을 평가했다. 대부분 커피를 통해 카페인을 섭취하는 것으로 조사됐다. 그중 커피믹스가 71퍼센트 수준으로 카페인 섭취의 1등 공신이다. 커피 전문점 커피, 캡슐 커피 등 커피 침출액이 17퍼센트, 캔 커피 등 커피 음료가 4퍼센트, 탄산음료 4퍼센트 등이 뒤를 이었다.

식약청은 "카페인은 피로를 덜 느끼게 하는 등 긍정적인 측면이 있지만 과다 섭취 시 불면증, 신경과민 등 부정적 작용이 있다"며 "어린이나 청소년이 카페인에 과다 노출되지 않도록 주의해야한다"고 설명했다. 커피 속 카페인은 우리 몸에 어떤 영향을 미치는 것일까?

사람이 활동을 많이 하면 뇌에 아데노신이 생성돼 피로를 느낀다. 아데노신은 신경세포 아데노신 수용체와 결합해 세포 활동을 둔화시키는 작용을 한다. 그런데 커피를 마시면 아데노신 대신 카페인이 아데노신 수용체와 결합한다. 카페인은 아데노신과 달리 신경세포 활동을 방해하지 않고 활발히 움직이게 한다. 신경 자극 물질인 도파민 분비에도 카페인이 영향을 미친다. 카페인은 수용체와 결합해 졸음을 쫓고 신경을 깨워 각성 효과를 준다.

카페인은 항이뇨 호르몬 분비도 억제한다. 항이뇨 호르몬은 뇌 시상하부에서 분비돼 소변의 양을 조절한다. 항이뇨 호르몬 분비가 많으면 우리 몸에 수분이 적다는 것으로 인지해 배출되는 소변 양을 줄인다. 카페인이 항이뇨 호르몬을 억제하면 몸에 수분이 많다는 것으로 인지시켜 신장 활동을 촉진하고 소변 양이 많아진다.

카페인은 체내에 흡수돼 이뇨작용을 촉진하는 과정에서 체내 노폐물과 함께 무기질을 배출시킨다고 한다. 따라서 카페인 섭취가 늘면 우리 몸에 꼭 필요한 무기질인 칼슘도 함께 빠져나갈 수 있다. 우리 몸은 뼈에 저장된 칼슘을 가져와 부족분을 채우는데, 카페인 과다 섭취로 칼슘이 빠져나가면 골밀도가 저하되고 뼈에 구멍이 뚫리거나 쉽게 부러지는 등 골절 질환의 원인이 된다. 카페인 각성 효과로 청소년이 충분한 숙면을 취할 수 없다면 성장 발육도 제대로 이뤄지지 않는다.

차는 카페인을 품고 있지만 사정이 다르다. 차 속에는 카테킨이라는 성분이 있어서 카페인과 결합해 위장에서 카페인이 빠르게 흡수되는 것을 막는다. 또 차 속의 데아닌이라는 물질도 카페인 때문에 상승된 신경전달물질을 억제해 흥분을 가라앉히고 혈압 저하 작용을 한다. 또한 차에 들어 있는 카페인은 물에 잘 녹는 수용성이고 커피의 카페인은 지방에 잘 녹는 지용성이다. 수용성 카페인은 물에 잘 녹으므로 다른 물질과 잘 중화되고 몸 밖으로 배설이 잘 되어 중독으로 인한 위험이 적다. 청소년에게 커피 대신 차를 권장하는 이유가 여기에 있다.

# 산절로제다공방
## '은하수 아래'

수제차手製茶를 만드는 사람에게 좋은 가마솥과 화덕, 비빔
대, 건조대가 갖춰진 제다공방이 있다는 것은 좋은 차를 만
드는 데 필수 요건이다. 수제차를 만드는 사람들은 자신이 만드는 차를
예술 작품 정도로 여기기 때문에 '차 만드는 집'을 '공장'이라고 하지 않
고 '공방'이라고 부르는 경우가 많다. 그래서 얼마나 좋은 제다공방을 갖
느냐는 모든 수제차 제다인의 꿈이자 부러움의 대상이기도 하다.

차가 많이 나는 광양 백운산이나 하동 화개골에 가서 수제차 제다공
방 구경을 하다 보면 수제차 만드는 사람들이 멋진 제다공방과 차실 만
들기에 얼마나 고심하는지 짐작할 수 있다. 흙집을 지어 황토 아궁이를
앉히는 사람도 있고, 덖음 솥은 갈수록 비까번쩍해지고 있다. 예전엔 대
개 전통 가마솥을 썼으나 근래에는 가마솥 주물 공장이 차 덖는 무쇠솥
을 다양하게 만들어 내놓고 있다. 어떤 사람들은 스테인리스 솥을 쓰며
'한 발 앞서 감'을 과시하기도 하고 지자체에서 알루미늄 전기솥을 비롯
한 제다 시설 일체를 지원해주는 곳도 있다. 그런데 겉치레 경쟁에 치

우치다 보면 주객과 본말이 바뀌기 마련이다. 최근에는 차 솥만 전문으로 만드는 주물업체가 무쇠에 구리를 섞은 솥을 아궁이와 세트로 300만 원대에 내놓고 있는데 지자체에서 이것을 지원 품목으로 사주는 곳이 많다.

나도 꿈에 그리던 제다공방을 2013년 봄에 갖게 되었다. 말이 제다공방이지 돈이 모자라 창고 지을 돈으로 솥은 밖에 걸고 실내 공간은 비비고 포장하고 시음할 공간만 겨우 마련했다. 그러나 10여 년 전 봉조리 폐교에서 마을 사람들이 버린 구멍 난 가마솥으로 차 만들기를 시작하여 미산리 마을회관으로 옮겨서 몇 년, 멀리 함평까지 가서 컨테이너에서 또 몇 년, 그리고 다시 산절로야생다원이 있는 지금의 곡성 제다공방 터에 천막을 치고 한두 해…. 이렇게 '고행'의 제다를 해온 것에 비하면 부족할 것 없이 갖춰진 제다공방을 갖게 되었다는 것은 나로서는 "꿈은 이루어진다"는 말을 실감나게 해주는 '사건'이었다.

솥은 가마솥 전문 업체인 '운틴 가마'에서 40만 원짜리 제다 솥을 사왔다. 솥 두께가 5밀리미터가 넘으니 족히 깊은 열을 오래 머금어줄 수 있는 좋은 솥이다. 나는 솥 밑바닥을 그라인더로 갈아내고 씻은 다음 안팎에 옥수수기름*을 먹이고 솥 안에 왕겨를 채워 한나절 이상 태우는 방법으로 길을 들였다.

솥 길들이기는 세 번째이니 이제 눈 감고도 할 수 있는 일이다. 어떤 사람은 스

> *대개 콩기름이나 돼지비계를 쓰지만 이것들은 냄새가 남아서 좋은 차를 만드는 데 장애가 된다.

테인리스 솥이 좋다고 하고 지자체 지원을 받는 사람들은 알루미늄을 입힌 전기솥을 쓰기도 하나 전통 수제차는 역시 조상들이 쓰던 무쇠솥

이 제격이다. 솥이 문제가 아니라, 차를 만드는 사람의 정성과 사리事理를 좇아 생각하며 차를 만들고자 하는 자세가 차의 질을 가름한다고 생각해온 터이다. 《시경》에 '완물상지玩物喪志'라 해서 "외물에 정신이 팔리면 진정한 마음을 잃게 된다"고 했다. 그래서 솥도 두께가 웬만큼 되는 무쇠솥이면 그만이고 제다공방도 보기 싫지 않으면서 차 만드는 최소한의 도구만 갖춰지고 일하는 데 편하면 족하다고 생각했다. 솥이나 제다공방은 과시하기 위한 것이 아니고 좋은 차를 만드는 수단이므로.

그런데 산절로제다공방은 터가 좋은 탓인지 지어놓고 보니 장난이 아니었다. 강 건너 곡성 관광 증기기관차를 타고 지나는 사람들은 이쪽 제다공방을 쳐다보기에 바쁘고, 보는 사람마다 "집이 예쁘다"면서 '곡성의 명물'이라고 이구동성이었다. 허술한 조립식 주택인데도 예쁘다고 하는 것은 지붕 경사각을 90도로 했기 때문이다. 시골집들은 집짓는 사람들이 지붕 공사를 편하게 하기 위해서 대개 지붕 경사각을 120도 이상으로 벌려 놓는다. 그래서 지붕 모양이 어벙한 창고처럼 생겨 집 전체가 촌스러워 보인다. 산절로제다공방은 산마루에 앉히는 것이어서 주변 산봉우리들 모습에 거스리지 않고 산장 기분이 나도록 지붕의 각을 좀 더 세웠다.

제다공방 이름도 '산절로야생다원'에 걸맞게 주변 자연을 상징하는 뜻을 담고자 했다. 마침 제다공방 턱밑으로 섬진강 중류 물줄기가 거침없이 흐르고 있으므로 '호연재浩然齋'라는 이름이 떠올랐다. '齋'는 성균관이나 향교의 기숙사나 공부방을 말하는 것이니 '공부하는 마음'으로 차를 만들겠다는 내 생각과 맞고, '浩然'은 맹자께서 말씀하신 '호연지기

浩然之氣, 흐르는 강물처럼 당당하고 의로운 기
상'에서 따온 말이니 제다공방 앞 호
곡나루 물목의 기세가 바로 그런 모
습이다. 호곡나루 물목은 물살이 세
어서 늘 폭포수 소리를 낸다. 한국전
쟁 무렵에 호곡리의 아름드리 소나
무들을 벌목하여 실어내느라 군사용
지프차가 다닐 수 있도록 강바닥에
큰 바위들을 채운 흔적이 있는데, 거
기에 물살이 부딪치는 현상이다. 또
여유가 생기면 집을 늘려 동양사상

산절로제다공방 '은하수아래'

과 다도 관련 문화 교양 강좌를 운영해보고자 하는 생각도 가지고 있으
니 '齋' 자를 쓰는 것은 어울리는 일이다.

그렇게 제다공방 이름을 짓고 간판을 만들려고 생각하고 있던 2013
년 초가을 어느 날 밤, 나는 제다공방 안 평상에서 자던 중 새벽 서너 시
쯤 소변을 보러 밖에 나왔다가 아닌 밤중 머리 위에 벌어지는 '별 천지'
와 맞닥뜨리게 되었다. 다른 세상 '별천지'가 아니라 정말 별들이 한판
세상을 여는 '별 천지'였다. 어릴 적 여름밤 형제들과 함께 마당 평상에
누워 쳐다보던 은하수와 북두칠성과 별똥별과 인공위성이 이쪽 산봉우
리에서 저쪽 산봉우리까지 섬진강 물줄기 바로 위에서 물줄기와 내기하
듯 흐르고 있지 않은가! 그렇게 휘황찬란한 '별 세상'을 본 것은 40~50
년 만의 일이었다. 나는 그동안 환경오염 탓에 시골에서마저 밤하늘 별

자리가 사라진 줄 알았다. 그날은 지구의 공전과 자전으로 인한 별자리 이동이 바로 그 시각 산절로제다공방 머리 위에 오는 때였던 모양이다. 나는 그날 밤 어릴 적 보았던 '은하수와 별들의 환희'를 해후한 기쁨에 겨워 산절로제다공방 이름을 '은하수 아래'로 짓기로 했다. '호연제'는 부제로 하고.

은하수는 천도天道의 한 상징이기도 할 터이다. 우리가 차를 좋아하고 다도를 좇는 것은 차가 우리에게 전해주는 하늘의 이치와 자연의 가르침을 터득하여 우리 삶의 진정한 의미가 무엇인지를 성찰하고자 함일 것이다. 마침 나는 올해 산절로제다공방 '은하수 아래'에서 '첫 제다'를 하면서 제다의 수준이 그 나름 자족할 만함을 느꼈다. 그동안 10여 년의 제다 수련을 거치며 솥의 화력과 찻잎을 솥에 넣는 횟수 등에 있어서 무리한 인위를 가하지 않고 생 찻잎의 향을 최대한 살려내는 제다법을 실천해볼 수 있었기 때문이다. 여기에는 무엇보다도 섬진강 물줄기와 지리산에서 흘러 내려온 산봉우리들과 그사이를 채우는 밤하늘의 현란한 은하수 '별 잔치'가 가져다주는 자연의 기운이 큰 몫을 했을 것이다.